はじめに

歩行者の「安全、快適」が道路行政の合い言葉であるが、そんな実感はない。そもそも、「歩行者の道」といった概念、理論、技術といったものが、この国に存在しているといえるだろうか。

圧倒的に多いのは歩道のない道路であるが、路上駐車のクルマをよけ、走るクルマに注意しながら歩行者は歩く。ここにあるのは「クルマの道」であり、歩行者は肩身を狭くして通らせていただいているだけである。

形ばかりの狭い歩道には、自転車や看板があふれ、トラックが乗り上げて荷さばきをしている。歩道は物置、営業の場と化しているが、この無法な状態が、実態として黙認されている。

広い歩道があっても、街路樹やストリートファニチャーといった類《たぐい》のものが所狭しと散りばめられ、新しい障害物となっている。歩行者は気がねなく歩ける広さを求めるが、押しつけの「景観」という大義名分が勝っている。高齢者がつまずいて転倒するというデコボコの舗装材を使うことさえも、「景観」というベールで美化されている。

電柱や標識などの設置位置、排水のための横断勾配、駐車場への車乗り入れ部の構造、歩道の高さ、横断歩道の設置方法、交差点部の曲線半径、歩道橋や地下道に至るまで、そのディテールはことごとくクルマへの配慮にあふれたものである。

ハード面で依拠するのが『道路構造令』であるが、これは「クルマの道」の構造令である。その道路の使い方をソフト面から規定するのが『道路交通法』であるが、これもクルマの交通法でしかない。そんななかで、歩行者は右往左往している。

「歩行者の道」について、悲しいまでに「心」はなく、情けないほど「技」もない。「想像」し「創造」する能力が決定的に欠落している。慢性的な疾病、疫病に蝕まれていると思うが、関係者はそのことに気づいていない。あるいは知ろうとしていない。いったいなぜなのかと考えてみるに、どうも日本の道路には固有の特殊性があるように思われる。特殊な歴史を抱え込んできたといった方がいいかもしれない。

第一に、「クルマの道」、「歩行者の道」という相対立する機能が、厳然とした力関係を有しつつも、道路という言葉でひとくくりにして済まされてきたという点である。そして、「クルマの道」をつくれば、それで道路をつくったことになり、利便性が高まったとみなされてきた。

車道と歩道の幅員構成、車道と路側帯の幅員構成といった計画論はないに等しく、車道を優先的に確保し、その余った所を歩道や路側帯にするのが基本であった。ここにおいて歩道や路側帯といった「歩行者の道」は、当たり外れを前提とした恣意《しい》的な「おまけ」でしかなかった。道路関係者は意識すると否とにかかわらず、クルマ優先の考え方にすっかり染まっているので、恥じ入る気配もない。

確かに、今日では自動車免許保有者数は人口の７０％に達しており、クルマを運転しない人はすでに少数派である。その人たちも、何かとクルマに乗る機会は多いし、便利に思っている。深い疑問を持たないまま、みんなが慣らされ、この力関係をゆるぎないものにしてきたといえるかもしれない。

第二に、道路整備は「官」のみが実施する独占的、閉鎖的な事業であるという点である。これは多様な需給関係によって成り立つ工業製品などとは決定的に異なる。建築物とも異なる。

独占的、閉鎖的な環境にあり、かつ、単一の価値観に支配されれば、自《おのず》ずとその関連技術は硬直する。検証システムを内在させていないからである。中央集権的な体質とからんで、道路行政はマニュアル行政となっているが、これは「クルマの道」には機能したかもしれないが、「歩行者の道」に関しては規制として、あるいは横並び主義を助長するものとして機能し、歩行者というユーザーに寄り添って考えるという芽を摘んできた。時代の変化、すなわち、高齢者、障害者をはじめとする歩行者の多様性の顕在化に対し、柔軟で誠実な対応は、ほかの分野に比べて決定的に遅れている。

この面での学術的なバックアップもみられなかった。道路、つまり、車道に関してはほぼ出来上がった技術があり、「官」が発展させればよいものとされ、ほとんどは景観論に流れたのではないか。「歩行者の道」は生活の安全を左右するものであるにもかかわらず、これをシビルミニマム、すなわち、都市生活の最低基準の観点から追求する姿勢は、不思議なことに学術分野においてもみられなかった。

第三に、道路はストックが絶対的多数を占める公共材であり、その耐用年数は実に長く、かつ、土地に固定したものであるという点である。建築物はその敷地は変わらなくても、通常、一定の周期で建て替えられる。利用者とハードのミスマッチがチェックされ、フローには常に新しい技術が導入される仕組みがある。そして、『建築基準法』を改正すれば、何らかの比率で継続的に更新は進んでいく。

ところが、道路は単純な物件であり、古さなどは関係ない。荷車が通れる道幅があれば、クルマはだいたい通れるし、人はもちろん通れる。ストックはそれだけで機能するかのようにみなされ、承認される。そして、戦後のモータリゼーションと都市化の波が一気になだれ込むその大切な時も、高速道路をはじめとする「クルマの道」については最善を期したフローが生み出されたかもしれないが、歩行者が利用する大半のフローはストックに追随するものとなった。不良ストックに不良ストックを再生産する道路行政が今日まで進められてきたといってよい。

「歩行者の道」の質の低さはその広さだけを意味しないが、改善といえば、単に拡幅の意味に矮小化され、「それは難しい」という話になる。このような思考が、ストックばかりでなく、フローに対しても鈍感な体質、諦め、マンネリズムを生んできた。「道路は理屈どおりにはいかないんですよ」と、ことあるごとに私は聞かされたが、これが筋の通った「理屈」を考える姿勢、「理屈」を知ったうえで可能性を追求する姿勢を失わせてきたといえるのではないか。

確かに、今も昔も、常に膨大な不良ストックを抱えている。膨大であるがゆえに、ストック全体を視野に入れて、それらの質的向上をめざすことなどには目が向かなかっただろうし、目を向けたとしても、とても追いつかないので萎《な》えてしまったかもしれない。その諦めの思考が、「歩行者の道」のディテールの隅々に至るまで浸透して今日に至っている。目先を変えるように、一点豪華主義の「景観行政」に走るのは自然な流れだったのかもしれない。

93年にバリアフリーのフィールドワークを始めてから1、2年で問題の所在と展望がみえてきたが、これをとりまとめる作業を始めてみて、とんでもない泥沼に足を入れてしまったことを思い知らされた。私はずっと空間を扱ってきたつもりであるが、道路については全くの新参者である。さらに、クルマを運転しないので、対峙《たいじ》する「クルマの道」の論理にも疎《うと》い。そんな引け目を感じつつ、法令を読み込み、関係者に尋ね、どこへ行くにもカメラを携《たずさ》えて目をこらし、考えてみるが、法令の曖昧《あいまい》さ、実態との乖離《かいり》、目に余る稚拙《ちせつ》さがないまぜになった不可解な状況に困惑してしまった。魑魅魍魎《ちみもうりょう》の世界である。これを解きほぐし、受けて立つことなど至難の業《わざ》である。

しかし、これまで関わった高齢者や障害者の声は伝えなければならない。個人的にも、見てしまったものに覆いをかけてしまうことはできない。問題提起の書として、これを上梓することとした。

「ミスター・アベレージ」といわれる平均的男性の思想や技術は、もう機能しない。そのことを力の及ぶ限り実証し、「歩行者の道」を社会的に位置づけなければならない。その認識のうえで、総合的、かつ具体的に「歩行者の道」をデザインしなければならない。必要に応じて「クルマの道」の見直しも提起しなければならない。ハード面を整える一方、『道路交通法』というソフト面も視野に入れて、整合性を論じなければならない。つまり、「クルマの道」一辺倒のパラダイムから、「歩行者の道」を、少なくとも対等な存在として位置づけるパラダイムへの転換を論じること。これが本書『歩行者の道』のテーマである。

本書は高齢者、障害者の観点を重視しており、したがって、バリアフリー、ユニバーサルデザインをテーマとした書であるといってよいが、そのような言葉を借りるまでもないので、ほとんど用いていない。いずれにしても、高齢者や障害者にとって危ない環境は、誰にとってもまっとうな環境ではない。「安全、快適」がお題目のように唱えられているが、一方の「不安、気がかり、居心地の悪さ、いらいらさせるもの、目障りなもの」といった多くの人が持つ普通の感覚は、すっかり軽んじられてきた。この復権こそが大切である。これらのちょっとしたことこそが、高齢者や障害者の危険の原点にある。人権の問題としてばかりでなく、文化の問題、美意識の問題としてとらえ直す必要がある。

本書『歩行者の道』を3巻で構成する。

第1巻は『マイナスのデザイン』である。様々な障害物を取り除き、必要なものを形を整えて配置することが最善のデザインであり、すべての出発点であると位置づけている。たとえば、家の中を整理整頓する習慣がなければ、どんなによい家に引っ越したところで、快適には過ごせない。工場も工事現場も、これが安全の第一条件とされている。このマイナスのデザインのセンスを磨かなければ、何をやっても費用対効果は生まれない。

第2巻、第3巻では「歩行者の道」の構造、デザインについて、より具体的な考察と提案を行う。第2巻は『通行帯のデザイン』であり、平坦で連続的な道を「通行帯」という概念で形成することの重要性について論じる。第3巻は『交差点のデザイン』であり、「歩行者の道」の変化点である交差点の構造、横断施設などについて論じる。

全体として、障害物のない単純明快な動線と交差点部を形成することが「歩行者の道」の課題であり、これに応えたいと思う。

これはそれほど難しいことではない。まず、道とは何かを思い起こし、その原点に立ち戻ってみることである。この原点を形のうえで踏襲しているのが、実は「クルマの道」である。「クルマの道」はデリカシーを持って形が整えられ、障害物など存在しない。このデリカシーを「歩行者の道」に応用すればよい。それだけで、大部分の問題は決着するといって過言ではない。デリカシーが忘れられたきたことが、「歩行者の道」の悲運であった。

『交通バリアフリー法』（高齢者、身体障害者等の公共交通機関を利用した移動の円滑化の促進に関する法律、２０００・５・１７）の施行に伴って道路基準に関しても変化がみられたが、このプロセスをかいま見るに、大きな視野に立った論理的な力強さを感じない。

設備を加えていくバリアフリーは日本の得意とするところであり、エレベーターの設置などは進むと考えられるが、根本的な構造やデザインを考えるといったことには成熟していない。とりわけ道路は構造、デザインが勝負であるが、どこかでボタンを掛け違えたまま今日に至っている。

まず求められるのはリアリティの共有である。そのため、本書では「あれもだめ、これもだめ」といった話の展開になりがちであり、これに抵抗がないわけではないが、文化や技術の発展は、そもそも関係者の重箱の隅をつつくような作業の積み重ねの賜《たまもの》であり、それが研鑽《けんさん》ということであろう。「歩行者の道」にそのような流れがみえず、ユーザーの思いと乖離してしまっている以上、繰り返し、しつこく発言していくしかないと思う。

そして、これから先進めなければならないのは、「歩行者の道」を回復するための大改造である。折しも渦中にあるのが道路特定財源であるが、この論点は、これまで常に、「クルマの道」のパラダイムのなかにあった。「歩行者の道」の観点からみた道路ストックは、ことごとくといえるほど問題を抱えており、真面目に考えれば、今後、膨大な財源が必要となる。厳しい状況だからこそ、もう失敗をしないよう、ここで落ち着いて「歩行者の道」の現状認識を深め、そのビジョンを論じなければならないと思う。

本書を、何よりも、一般市民にわかりやすいものにしたいと思った。「歩行者の道」は、たとえば、どのような住宅に住みたいか、どのように建ててもらうかについて考え、発言することと同じように、市民が主体的に関わるべきものであり、道路の専門家という人にただ任せればよいというものではない。そのような市民の関心が「歩行者の道」発展の条件である。今後の議論のたたき台として本書を利用していただければ幸いである。

また、道路関係者には「心と技」を磨くステップにしていただきたいと思う。本書は専門書としてはもどかしさもあるかもしれないが、あえてゆるゆると書き進めようとしたのは、私が知り得た「心」を自然体で伝えたいと思ったからである。その「心」を受け止めていただき、技術者としての誇りを持って創意工夫を進め、「技」を磨いていただけるよう願っている。

なお、私は名古屋市に在住しており、名古屋市、またはその周辺部において繰り返し目にする事例を多く紹介しているが、問題は決して限られた地域だけのものではないことは、読者が一番ご存じではないかと思う。

フィールドワークにご協力くださった多くの皆様に、感謝申し上げたい。また、専門用語一つ知らない者に何かとご教示くださった行政、警察署、業者の関係者にもお礼を申し上げたい。

第1巻の表題としている「マイナスのデザイン」という言葉は、『うるさい日本の私』（洋泉社）の著者中島義道先生にお会いした時にうかがった言葉であり、お礼を申し上げたい。ここでいうマイナスとは「負」を意味するわけではなく、やみくもにものを付け加えていく、つまり、プラスしていくのとは逆に、不必要なものを差し引いていく、つまり、マイナスしていくという考え方であり、現在、これが大切になっていると理解し、ここで使わせていただくこととした。公共事業のみならず、身近な生活環境を考えるうえでも、とても重要なキーワードであると思う。

もくじ

第1章　道の原風景

人はどのように道をつくってきたのだろう。人はどのような道を快適に思ってきたのだろう。今日の道について考察する前に、道の原風景をみるなかから、人と道との関わり方について探ってみたい。

この道の原風景というものをよりどころにしなければ、今日の道のカオスと対峙《たいじ》することはできないように思う。また、「歩行者の道」の展望はみえてこないだろうと思う。

とはいえ、原風景を今に残す道と出会う機会は、もはや決して多くはない。これまでに立ち寄った地域の道を少し整理して、振り返ってみることにしたい。

1　町の道

竹富島の道

写真1・1は竹富島の道である。サンゴの石垣と咲き乱れる花々、白い砂の道、青い空がすべて調和している。旅行者は石垣と花木で飾られた道をそぞろ歩く。石垣の珍しさや伸びやかな花木もさることながら、この道の心地よさは、道が道として明快であるためだといえないだろうか。

ここには邪魔なものはいっさいみられない。道に出しゃばる街路樹はないし、道に何かものが置かれるということもない。砂の道よりもアスファルトで舗装した方が何かと便利かもしれないが、伝統的な砂の道のままである。電柱も必要最小限にとどめられ、風景を邪魔するほどではない。おそらくずっと昔から変わらない風景であり、その愛着のある道を守り続けようとする土地の意志がうかがえる。

道は地域社会の心の現れであり、文化である。その道との出会いが旅行の楽しみである。

写真1.1　竹富島の道（沖縄県）

萩の道

写真1・2は萩の道である。白壁の塀や生け垣が続き、塀の向こうには花木がのぞく。塀の内側にはどのような庭があり、建物があるのだろうかと想像をたくましくする。

道には何もない。何もないから白壁や生け垣が生える。そのすっきりした道に、どことなく秩序を感じ、安心する。初めて見た風景でありながら、懐かしい気がする。

伝統的な町並み保存地区の道の多くが、流行の舗装材で覆われるようになり、それをみるたびに興ざめてしまうが、このお屋敷町はアスファルトの道である。歴史的な町並みにはアスファルトのようなシンプルなものがよく似合う。

アスファルトに引かれた白線がさえており、歩行者に安心感をもたらしている。白線は歩行者のための路側帯を形成する措置であり、決して古いものではないが、道を引き締め、デザイン的にも調和している。

お屋敷町から外れた裏道も生け垣に縁取られたすっきりとした道である。電柱なども、民家の生け垣のなかに収められており、お屋敷町にみられる閑静な道の心が受け継がれている。

写真1.2　萩の道（山口県）

飛騨古川の道

写真1・3は、起し太鼓と豪華なからくり人形の屋台が繰り出す古川祭りで有名な町の道である。白壁の土蔵と鯉の泳ぐ瀬戸川沿いの道は、テレビドラマなどの舞台としてもおなじみの清々《すがすが》しい道である。

表通りに回ると、出格子の美しい大きな造り酒屋の正面である。玄関を飾る昔ながらの看板、常夜灯、杉玉は、当たり前のことであるが、すっきりと敷地内に収まっている。単調になりかねない黒い板壁の前には、小さな置物がちょこんと座っており、これも植え込みのなかで心地よさそうである。

この置物は新しいかもしれないが、道との関係は昔からこうだったに違いない。道に面して何かを置くとしても、それは敷地のなかであり、決して道に出しゃばったりしない。

写真1.3　飛騨古川の道（岐阜県）

郡上八幡の道

写真1・4は「郡上おどり」で有名な八幡町の道である。「水の町」ともいわれ、町じゅうに水路が巡《めぐ》らされている。水路は子どもには危ないなどといったことには、ここでは目をつむることとするが、雪の多い地域では、

雪かきをした後の雪を流すなど、生活に密着したものであった。北陸の私の田舎町にも水路があった。

このような道に心が和《なご》む。邪魔なもの、目障《めざわ》りなものが置かれていないので、道がさえている。狭いからだともいえるが、狭い歩道にもいろんなものを置くのが今日の道である。場末と路地の違いがここにある。

こうした庶民の道は、庶民が守ってきた道である。庶民が大切に守ってきたお地蔵さんも、道を外れて、その傍らにたたずんでいる。道は道として開いておくという歴史があった。

柳井の路地

柳井市は山陽本線沿いの町であり、江戸時代に商都として栄えた町である。「白壁の町並み」が残る町として知られており、それを目当てに訪れた。しかし、白壁の商家群は確かに見事であるが、道は今風の舗装材に変わっており、昔ながらの道の風情は感じられなかった。

むしろ、路地がおもしろい。写真1・5のaは白壁の町並みの脇を入った小路であるが、電柱さえなければ江戸時代そのままの姿であろう。

写真1.4　郡上八幡の道（岐阜県）

歴史的な町には、庶民が昔から住んでいた地区があるはずだと思って見つけたのが、ｂ～ｄである。庶民の町は路地空間である。道は狭く、両側の家の壁が迫っているが、この狭さはやすらぎこそあれ、うっとうしくはない。うっとうしいのはいろんなものが出されている道であるが、古くからの路地では、ものが出されているのをまず見かけない。

庶民の道は、庶民の自己規制、自主管理のもとに守られてきた。かつては荷車が通り、やがてリヤカーが通るようになった。それらの通行のためには道に邪魔なものがあってはいけない。もちろん、歩行者にも邪魔になるし、目障りである。道は通行のための空間であり、その機能を最大限に守ろうとしてきた。

写真1.5　柳井の道（上からａ～ｄ　山口県）

阪南町の道

阪南町は大阪の典型的な長屋地区であった。多くの住宅地が戦災で消失したが、この町はその難を免れていた。

少なくとも私が大阪に住んでいた２０数年前、開発された当時のままの長屋街であった。小さな家ばかりとはいえ、整然としたそのたたずまいに、都会の人の暮らしといったものが感じられた。北陸育ちの私には、妙に新鮮だった。

その頃、とても気に入っていたのは、長屋の軒先のほんのわずかな土地に、競い合うかのように植木鉢が並べられた風景であった。玄関に見事なバラのアーチをしつらえた家もみられた。道を飾るのはそこに住む人々であり、今、思えば、あの竹富島の道と同じくらい楽しいものであった。

阪南町は大正から昭和にかけての土地区画整理で生まれた町であり、そのような開発事業の初期のものである。当時、『大阪府建築取締規則』というものがあり、そのなかに「一尺五寸の外壁後退」という規定があったという[1]。どの建物も道路から45cm後退しており、そのスペースに植木鉢が並べられていたわけである。

ところが、今はもう、当時の面影はすっかり消えてしまっている。やっと探し当てたのが、写真1・6のaである。bの住宅は手が加えられているが、植木鉢は側溝の蓋の上ぐらいまで、という暗黙の了解が今も生きているように思える。

1　住区内街路研究会：『人と車「おりあい」の道づくり』、鹿島出版会、1989・11。

写真1.6　阪南町の道（上からａｂ　大阪市）

浅草の道

写真１・７は仲見世通りであり、商店が建ち並ぶ通りが一直線に浅草寺《せんそうじ》へと導く。門前町はあまたあれど、このような通りを、かつて見たことはなかった。

一軒といえども、商品を通りに出している店はない。感動のあまりお店の人に尋ねたところ、以前はご多分にもれず商品が通りにあふれ出ていた。浅草寺さん、つまり、大家さんのお達しで、「ここ（溝の蓋）から外には出してはいけないことになった」という。

この「絵に描いた」ような華やぎと端正は、たとえば雛飾りを連想させる。雛飾りでは人形や道具が整然と並べられ、向きが狂うことは微塵《みじん》もない。必要以上にものが並べられることもない。それゆえに一つひとつの人形や道具が輝く。そこに日本の美意識があったはずであり、仲見世通りで感じるのもそれである。ここでは通りを歩く人も輝いて見える。

写真1.7　浅草の道（東京23区）

2　里山の道と街道

中村の道

中村市は日本最後の清流といわれている四万十川《しまんとがわ》河口の町である。

写真1・8のa、bは四万十川左岸の山沿いの道であり、雑木がトンネルのように道を覆っている。人はこのような道が大好きなのではないか。四万十川を堪能するには右岸の土手の道がよいが、この道も格別である。レンタサイクルで走ったが、風と水の音、雑木の向こうにかいま見える四万十川の水面《みなも》の輝きに、極楽気分を味わったものである。

c、dは農村部のごく普通の道である。このようなシンプルな道に出会う機会は、今日ではすっかり少なくなってしまった。

写真1.8　中村の道（上からa～d　高知県）

海上の里の道

写真1・9は、探しあぐねていた時に見つけた春の田園風景である。愛知万博予定地として名が知られた海《かい》上《しょ》の森へ続く道であり、名古屋市近郊でこのような道は珍しい。

川の土手に大きな桜の木がある。集落の道端にも桜の木が植えられている。かつての峠の一本松といったものも、このように道を外れて、道の傍《かたわ》らに立っていたことだろう。道を往来する人にとって重要なランドマークであったとしても、道そのものを侵害することはなかった。

用水路の脇にはタンポポが咲いており、お年寄りと小さな子どもが散歩している。田んぼ道の脇にも、様々な小さな野の花が咲いている。道が道として存在し、その道端を彩《いろど》るさりげないものが道の美しさ、楽しさである。

写真1.9　海上の里の道（愛知県）

海上の森の道

写真1・10はその奥に入った里山の道である。小さな急峻な山がたくさん連なった里山であるが、川に沿っ

て開かれた道はとても緩やかである。

このような道であれば、車いすに乗った人も気軽に山を楽しむことができそうである。この深い山に不思議な道があるものだと思ったが、「薪《まき》を担いだり、木を切り出して運んだりする人は、ちょっとでも楽な所を歩きたい。そんな思いでルートを見つけ、少しずつ幅を広げてきた。誰もが歩きやすい道になっているのは偶然ではない」と、里山に詳しい人が教えてくれた。

なるほど、勾配が緩やかなばかりでなく、路面にはデコボコも石ころもみられない。長年にわたって踏み固められたようであり、邪魔な石ころや根っこは少しずつ取り除かれていったに違いない。道を利用する人のために、道の平坦性が追求されたのである。

われわれが山道を清々《すがすが》しく思うのは、もちろん、緑に囲まれた空間の気持ちのよさもあるだろうが、それだけではなさそうである。人は道というものに対して潜在的な好奇心があるのではないか。この道はどこへ行くのだろう、どんな風景が待ちかまえているのだろうという好奇心である。生まれ落ちる前の母胎のようなやすらぎの空間が森だとすれば、生まれ落ちてからのアクティビティの源は道ではないか。この里山の道はそんな

写真1.10　海上の森の道（愛知県）

ことを思わせる。

中山道木曽路

今に残る木曽路は、道のすべてを凝縮している。写真1・11は馬籠《まごめ》峠から妻籠宿《つまごじゅく》へ至る道である。馬籠峠を越えた木曽路は奥深い暗い道である。やがて道が緩やかになり、明るくなると、そこに茶屋がある。とても人の心に沿った立地である。

この建物を管理しているというおじさんは、馬籠宿までお使いに行かされた小さな頃は、昼でも暗く、怖かったという。その道を、かつては馬や荷車も通っていた。馬籠峠から馬籠宿への道は、今では石畳になったり、階段になったりして変わってしまっているが、もともとは道をくねらせて全体の勾配を小さくし、1間（1・8m）ぐらいの間隔で丸太を埋めて勾配を処理していたという。

このおじさんは妙に「1間」を強調していたようであり、なぜなのか、しばらくひっかかっていたが、こういうことではないだろうか。1間の長さは、山道を歩く時の3歩分といえる。したがって、右足で丸太の段差を越えると、次は左足で段差を越えることになる。いつも同じ足で段を越えなければならない階段は公園などによくあるが、この方が上りも下りも疲れは少ないし、リズムもとれる。「1間」というのはおもしろい長さである。

また、丸太の数cmの段差を越えれば平坦になるので、荷車を動かすのに、常に力を入れ続ける必要はない。やはり、勾配がダラダラと続く道よりも、上りも下りも都合よさそうである。丸太の段差は角がないので、荷車なども段差を越えやすいだろう。これをさらに削れば、車いすでも通行しやすくなりそうであり、ちょっとした工夫で、現代に通用するバリアフリーになるわけである。

さらに考えてみると、「1間」で数cmの段差というのは、全体の平均勾配が4、5%ということである。それくらいの勾配にとどめようとして、傾斜地をぬい、大きな岩をよけながら道を拓くということは、知恵を要する大事業だったに違いない。「道普請《みちぶしん》」の技とはそういうものだったのだろう。

ユニバーサルデザイン、すなわち、普遍的なデザインの追究は決して新しいテーマなどではなく、伝統のなかに定着していたのではないだろうか。少なくとも街道は、修験道《しゅげんどう》などとは異なり、歩行者の多様性が視野に入っていた。何里もの距離を歩いて疲れきった旅人がいたし、重い荷物を載せた荷車も通行した。これらのニーズは、現代でいえば高齢者や車いすのニーズに通じる。歩行者の多様性は、何も今に始まったことではない。

昔からの民具なども使い勝手がよさそうであり、そのデザインにはちゃんとした訳があっただろうと思う。人は手仕事をしながら、ユーザーを思い浮かべてあれこれ考え、工夫する。時間が工夫を生む。いつの間にか、オートメーションによる大量生産が道具を安直なものにしたと同様、ブルドーザーが道を安直なものにしてきたといえないだろうか。ユニバーサルデザインの追究とは、手仕事の感覚を取り戻す警鐘《けいしょう》の言葉としてとらえるのがよさそうである。

写真1.11　中山道・馬籠峠から一石白木改番所あたり（長野県）

妻籠宿の道

明るい道、暗い道を抜けて進むと、所々に宿や茶屋の小さな集落がある。写真1・12にみられるように、そうした建物の前には、それぞれちょっとしたスペースがあり、鉢植えが置かれたり、前庭になっている。園芸店をのぞくのが私の趣味であり、たいていの園芸種は知っているつもりであるが、ここには驚くほど珍しい花

写真1.12　中山道・下り谷あたり（長野県）

写真1.13　中山道・妻籠宿（長野県）

が多く、仕立て方も見事である。これらの一つひとつを見て歩くだけでも、私には楽しい。この彩《いろど》り方は、ドイツの田舎町の美しさにも匹敵する。

かつては馬をつないだり、荷車を置いたりするスペースだったのかもしれないが、旅人を慰《なぐさ》め、癒《いや》そうとするもてなしの心の歴史が、ここに刻まれているように思えてならない。

写真1・13は妻籠宿である。その入口にお地蔵さんがたたずんでいるが、やはり、道の脇である。観音様やお稲荷様がまつられた祠《ほこら》も、道の脇にちゃんとした敷地が用意されている。宿の多くは、やはり前庭を持ち、緑が輝いている。そうでないお店の前には、縁台が置かれている。今日では道路管理者が歩道にベンチを設置したりするが、ここにあるのは土地の人の心である。

妻籠宿の道は萩の武家屋敷の道に勝るとも劣らない。萩の道は閉ざすことによる美しさであるが、妻籠宿の道は開くことによる美しさである。いずれも、昔からの道が、今も道として守られている。観光客に媚《こ》びるものが持ち込まれていないので、心地よい。土地の人も、余計なものは何一つ放り出していない。

道とは何か

ノスタルジーというよりも、現実的な観点から、道というものの原点を振り返ってみたいと思った。しかし、ノスタルジーこそが実は大切であり、そこに何かしら自《みずか》らのアイデンティティを感じ、やすらぎを得る。道は物理的にも精神的にも文化そのものであり、ノスタルジーを抱いて道を体感することは、文化を問う試みに違いない。

人が旅に出て道を歩くのは、本能的に、文化的な秩序を欲するからではないだろうか。秩序あるものの形を目にしながら、自らの内面の秩序について省みる。「道」という言葉が様々な精神的な意味を持っているのは、そのことと無関係ではないだろう。その道の基本が、今、すっかり忘れられている。

改めて道を定義してみたい。

道は通行するために拓《ひら》かれた連続的な幅を持った通路であり、安全に、効率的に通行することができるように、障害物を取り除き、路面を整えて一定の幅とした空間である。その幅や平坦性が道の格として追求され、また、管理されてきた。そして、沿道の美しさが尊ばれ、美意識を育《はぐく》んできた。

町と町を結びつける街道も、町なかを縦横に走る生活の場の道もそのように整備され、管理されてきた。何よりも、道を利用する人々、沿道の人々が道の本質を知り、障害物を置かないように自己規制し、守ってきた。そして、可能な限り、沿道を飾る試みが行われた。道そのものを飾るのではなく、道に面した建物や庭を飾ることが、そのまま道の風景となった。小さなお地蔵さんも、祠も、道の脇によけてたたずみ、道行く人を守ってきた。土地のシンボルとなる木も、道の脇に植えられた。道を彩るためであるが、道を侵略することはなかった。なぜなら、道は通路だからである。

いわゆる町の景観というのは、沿道の人々、すなわち、「民」が生み出す自然発生的なものであった。そのような道はさっぱりとして美しく、安心感がある。そして、道の風景はどれ一つとして同じではない。その変化がおもしろさであり、歩く楽しみである。そして、それが癒しとなる。様々な文化財と同じように、この道という空間の価値を、決して軽んじることはできない。

かつての道には、パブリックという概念が明快に存在していた。邪魔なものを取り除き、大切なものを整然と配置するというマイナスのデザインによって、道が形を得ていた。いったい何が、この道の歴史を崩してしまったのだろう。「官」の不作為と出しゃばりによるとはいえないだろうか。

第2章　「歩行者の道」にはびこる違法駐車

高齢者や障害者と街を歩いた後の集まりで、異口同音に指摘されるのが路上駐車や歩道への乗り上げ駐車の問題であり、これが最大のバリアだという。実際、違法な駐車という観点を持つと、これが法治国家かと暗澹《あんたん》たる気分になる。

先の原風景にみる道は、美しいということにとどまらず、高齢者や障害者にも快適で通行しやすい。すっきりとして、道が道として開放されている点が今日の道との最大の違いであり、今日の道を特徴づけるのがクルマと駐車問題である。マイナスのデザインの第一の対象はこれである。

1　路上駐車

高齢者と路上駐車

歩行者の交通上の最大の問題は、クルマの交通量の多い、歩道のない道路であり、そこにおける路上駐車である。クルマと並んで通行するだけでも歩行者には危険がいっぱいであるが、駐車中のクルマがあると、これをよけて進むのがいっそう困難になる。誰もが不快で、不安に思っている。

とりわけ、道路整備が進まないまま市街化した郊外部や、地方の旧市街地において路上駐車が著しい。クルマが日常生活の主要な交通手段となっているためである。歴史的な町並みなどがありそうな地域を訪れると、ほとんど例外なく、どこを歩いてよいかわからないくらい路上駐車の多い道路に出くわす。写真２・１は観光地から駅へ帰る途中で見かけたものである。

偶然、振り返ると、路上駐車のクルマの陰から手押し車を押した高齢の女性が現れ、道路を横切るところで

写真2.1　路上駐車の多い道路を歩く高齢者（岐阜県）

あった。その後、クルマが通過したが、左右に路上駐車のクルマがあるので、クルマはその間をカーブを切って通り抜けていった。

初め、彼女は左側通行をしていた。道路を横切ったのは、反対側にある商店に用があるためなのかと思ったが、そうではなかった。間もなく、そちら側にある路上駐車のクルマと建物の隙間を抜けて現れた。ところが、右側通行の先には、また、トラックが駐車している。今度はトラックの手前で道路の中央に出てくるのが見えた。元に戻るための横断である。彼女の自宅はおそらくそちら側にあるのだろう。

それでは、なぜあのように道路を横断したのだろうか。歩いていた側に路上駐車のクルマがあり、道路の端を通行できなかった。仕方なく道路の中央に出て路上駐車をよけようとした時、前方からクルマがやって来た。手押し車を後ずさりして戻るより、そのまま前へ進んだ方が歩きやすいと思って、道路を横断したのではないか。

2度もこの見通しの悪い道路を横断するなんて無謀としか思えないが、これが高齢者の歩き方の現実なのかもしれない。自分なりに用心深く歩いているとしても、理屈どおりに歩けるわけではない。「なるようにしかならない」という切ない声が聞こえてきそうである。

「家にばかりいてはだめですよ。外出しなければいけませんよ」と周りの人がいうし、本人もその気になるが、それはしばしば危険と隣り合わせの外出となる。子どもにとっても全く同じであろう。日本の道路事情は、高齢者や子どもには厳しい。その大きな原因の一つが、路上駐車である。

車いすと路上駐車

車いすを使っている人にとっても、路上駐車は危険な障害物である。写真2・2の男性は隣人のIさんであり、電動モーター付きの車いす[1]を使っている。これを使うようになってから一人でも外出できるようになったが、「路上駐車が多くて困る」という。写真は近所へ買い物に行った帰り道であるが、路上駐車のある所では、ずっと手前でクルマの通過を確認する。路上駐車のクルマの近くになってからでは、見通しが悪くなるし、走ってくるクルマからも発見されにくくなるからである。

『道路交通法』によれば、歩行者は右側端、または路側帯を通行することとされている。もちろん、安全のためにもそうしたいが、路側にクルマが駐車しているので、それができない。あまりにも日常化していることであるが、歩行者は『道路交通法』に基づいて自らを守ることができない。

手動の車いすの場合は、もっとやっかいである。写真2・3は障害者や高齢者とともにバリアフリー調査をした時のものであるが、手動の車いすは、道路の横断勾配[2]のため、図2・1に示すように路側の方へ斜行してしまう。片方の腕ばかりに力を入れて車いすを操作して進むわけであるが、そこに路上駐車があると、勾配を上がって道路の中央あたりまで出てよけることになる。ところが、駐車中のクルマの脇を平行して進もうとしても、そこにも横断勾配があるので、車いすはクルマにぶつかりそうになる。そのコントロールは決して容

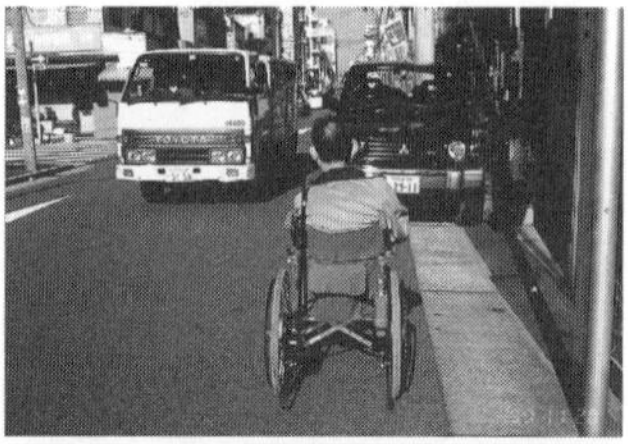

写真2.2　路上駐車の手前で待機する車いすの高齢者（名古屋市）

写真2.3　道路の中央へ入り込んで路上駐車をよける車いすの若者（岐阜県）

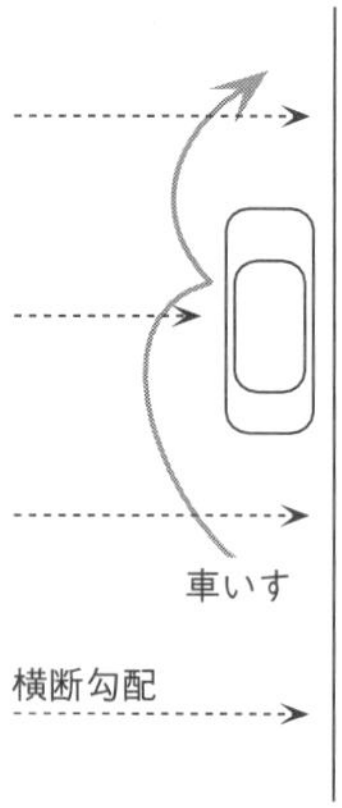

図2.1　横断勾配によって斜行する車いすと路上駐車

易ではない。路上駐車が多いと、そんなことを繰り返さなければならない。この事情は介助者が車いすを押す場合も同様である。

とりわけクルマの交通量の多い道路では、タイミングを計るのが難しい。時には駐車中のクルマにある程度近づいてから、走って来るクルマの様子を確認することになるが、車いすに乗っている人の目線は低いので、のぞき込まなければならない。この点は、先の手押し車の高齢者や子ども同じである。

調査時は多くの人が見守っていたものの、車いすの人が一人で外出する時は、恐怖と隣り合わせであろう。安全を考えると外出できないという人もいるに違いない。

1　電動モーター付き車いす：手動車いすに別売りの電動モーターをつけたもの。一般の電動車いすに比べて幅が狭く、軽い。折りたたみもできる。
2　横断勾配：道路の横断面に排水のために設けられた勾配であり、通常は路側に向かって設けられている。

視覚障害者と路上駐車

見かけではわからないが、聴覚障害者はクルマの音が聞こえないので、背後からクルマがくるかどうか、振り返って目で確認するしかない。路上駐車が多いと「とても神経を使う」という。考えてみれば、交差点でもなく、横断するわけでもないのに、前や横ばかりでなく、後ろまで確認しなければならないというのは理不尽な話である。つくづく、路上駐車は歩行者に共通する問題だと思う。

もちろん、視覚障害者にとっても大問題である。写真2・4もバリアフリー調査時のものであるが、この全盲の男性Hさんは「最もいやなのは路上駐車だ」という。日常の最も大きなストレスになっていると、私の知る視覚障害者は一様にいう。

視覚障害者が路上駐車を発見し、回避する方法についてみてみよう。写真2・5は「歩行訓練」[3]を受けている時のものである。白杖《はくじょう》を2歩程度斜め前に出し、肩幅より少し広い幅で左右に均等に振りながら路側を歩く。このようにしていると白杖の先は車体の下に入るが、白杖の中ほどが車体にふれる。そこで近寄って車体に手をふれ、駐車中のクルマを確認する。

それ自体は難しいわけではないが、問題はその頻度である。時に、路上駐車のクルマが何台も断続的に続いている場合がある。写真2・6はそのような現場における視覚障害者の一連の動作を表している。

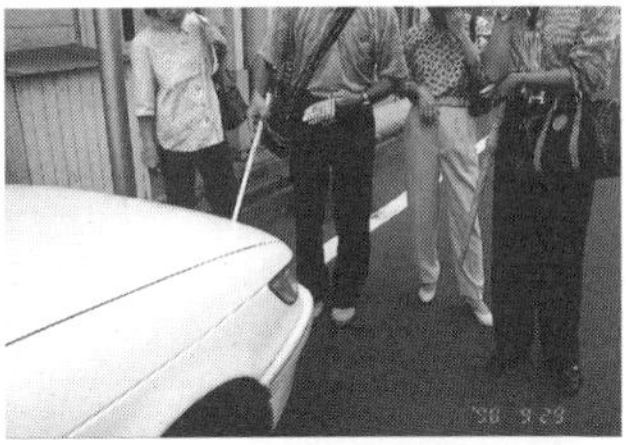

写真2.4　路上駐車が一番大きなストレスになるという視覚障害者（岐阜県）

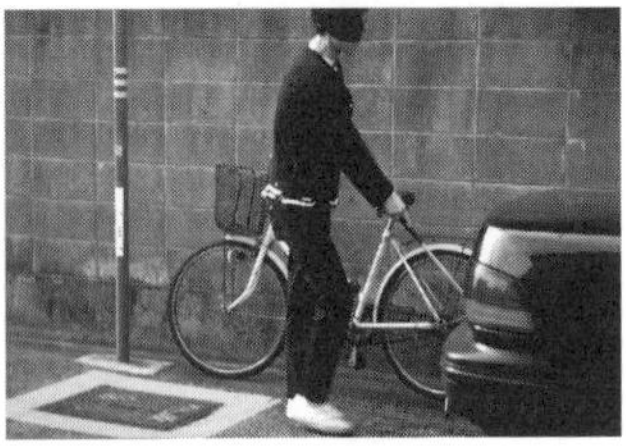

写真2.5　視覚障害者の路上駐車の発見方法（名古屋市）

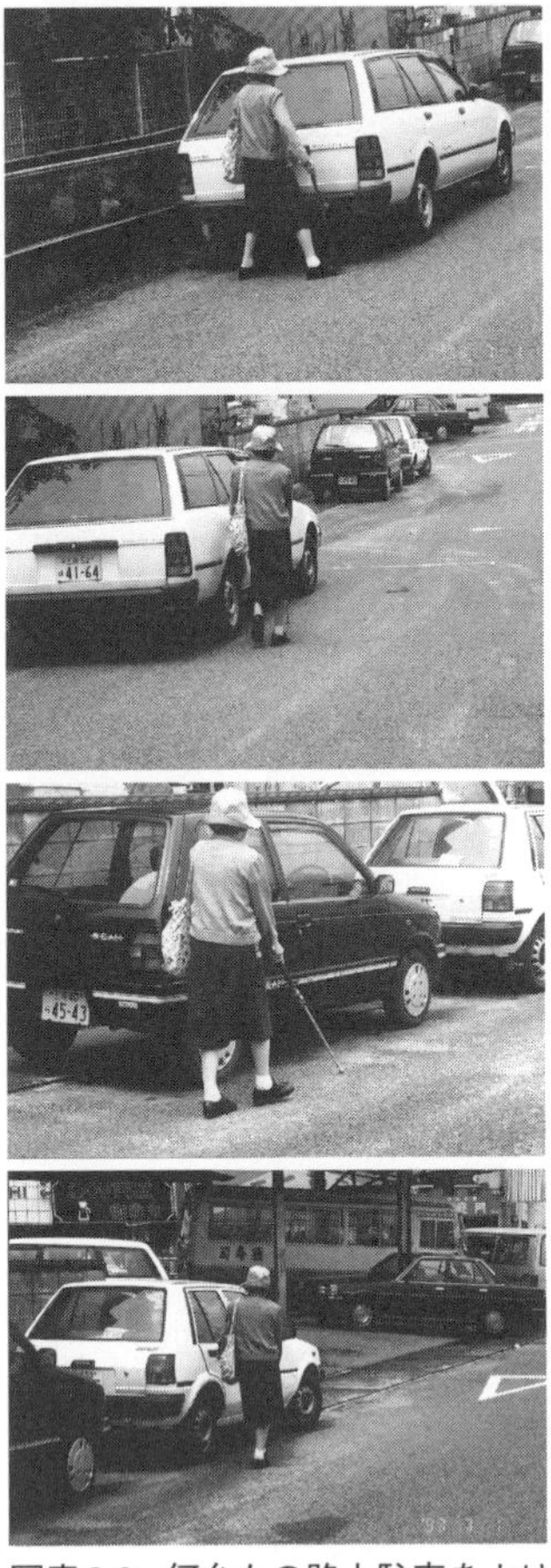

写真2.6　何台もの路上駐車をよけて歩く視覚障害者（愛知県）

まず、1台めの車体に手をふれながら、クルマの背面、側面、前面というように周囲を回り込んで路側に戻る。このように車体に沿って回り込むのは、方向感覚を失わないようにするためである。ところが、数m先にまた路上駐車がある。この全盲の女性は事前に知ることはできないので、路側に戻ってから、再びこのクルマを発見し、同じように回り込む。3台めは2台めの近くにあったので、2台めの車体の前面を回り込む際にこれを発見し、続けてよけたが、これがもう少し離れていたら、3回も面倒な動作を繰り返さなければならなかったであろう。この道路はクルマの交通量が多くないことが救いであったが、交通量の多い道路であれば、どんなにか不安で、ストレスになることか。

3　歩行訓練：ここでは白杖による歩行訓練。歩行に困難をきたした視覚障害者を対象に、白杖操作の方法とともに、様々な環境における歩行の手がかりの発見とその利用方法、障害物の発見とよけ方、交差点の発見と横断方法、階段の昇降、鉄道、バスなどの乗降の仕方などを実習する。ほかに、盲導犬による歩行訓練などがある。

方向感覚を狂わせる路上駐車

安全かつ能率的な歩行が視覚障害者の歩行の課題であり、そのような能力を身につけるために「歩行訓練」が行われる。この「歩行訓練」の内容や「歩行訓練」を受けた人の日常の歩行については、拙著『視覚障害者が街を歩くとき』[4]や『視覚障害者にわかりやすい都市デザインの研究』[5]にまとめた。視覚障害者の歩行に関して理解が進んでおらず、また、誤解が多いと思って著したものである。本書の視覚障害者に関する知見はこれに基づいており、先の写真を含め、多くをここから引用している。

この「歩行訓練」で教わる路上駐車のクルマのよけ方を表したのが図2・2であるが、路上駐車がいかに視覚障害者にとって歩行の能率を損なう迷惑なものであるか、容易に知られよう。もっと簡単な方法でよけることができるのではないかと、目の見える人は思うかもしれないが、全く目の見えない人の場合、安易な方法でよけると、方向感覚を失うおそれがある。安全と能率を天秤にかけて、安全とされるのがこの方法である。

ちなみに、私はかつて「歩行訓練」を受けたことがある。車いすに乗って多少とも理解しようとするのと同じように、視覚障害者の歩き方や困難を知ろうと思ってのことである。その時、路上駐車が多いので基本どおりの動作が面倒になり、また、多少の冒険心もあって、ふわっと斜めに曲がってクルマをよけて歩き続けた。しかし、どうもいつもより次の交差点までの距離が長いような気がして、不思議でならなかった。大きく曲がりすぎて、道路上でループを描いてしまったと、一段落したところで歩行訓練士が明かしてくれた。

図の失敗例がそれであり、右手の路側にはL型溝[6]があるので、それに白杖がふれたはずであるが、何の認識もなく、慣性でそのまま回転して元のルートに戻ったらしい。仮に右手のL型溝を認識したなら、これは本人の左手にあるので、本来のルートだと思って、そのまま進んだかもしれない。つまり、Uターンしてしまったかもしれない。初歩的な段階の経験とはいえ、視覚が使えないと信じられないことが起こりうるものである。

話を戻そう。先の写真2・6の女性は、「ここによく駐車していることは知っていますから、気をつけています。でも、面倒です」という。見れば、何かの工場の前である。路上駐車が常習的に行われている場所の多くは、およそ特定できる。

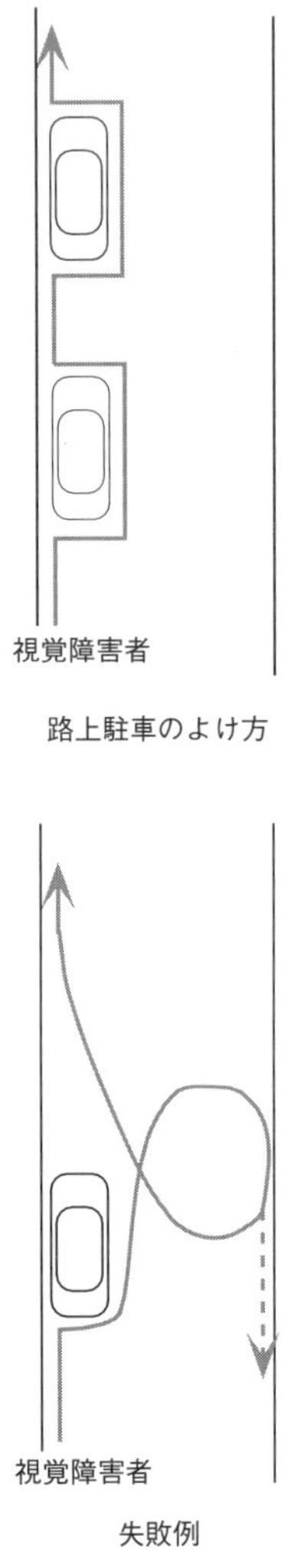

図2.2 視覚障害者の路上駐車のよけ方と失敗例

4　津田美知子：『視覚障害者が街を歩くとき　ケーススタディからみえてくるユニバーサルデザイン』、都市文化社、1999・6。
5　津田美知子ほか：『視覚障害者にわかりやすい都市デザインの研究　NIRA研究報告書』、地域問題研究所、1995・9。
6　L型溝：歩道のない道路に多い側溝の一種であり、断面がL型のもの。

危険なトラックの駐車

飲食店の周辺も路上駐車の多い所である。とりわけ、昼食時などはトラックの駐車もみられる。トラックは車高が高いので、写真2・7のように視覚障害者の白杖が車体の下に入り込んでしまい、手や体をぶつけやすい。さらに、トラックのバックミラーはちょうど顔の高さにあるので、白杖では見つけることはできず、最も危険なものの一つとされている。この写真も「歩行訓練」時のものであり、歩行訓練士にトラックの注意点を教わっているところであるが、走ってくるクルマに気をつけ、泥んこのトラックに手を触れ、バックミラーのあるあたりでは顔を手で防御しながら歩くなんて、全く踏んだり蹴ったりといったところだろう。

建築工事の現場にも、写真2・8のaのようにトラックが何台も駐車し、そのうえ、様々な営業車が駐車していることがある。われわれもどのあたりを歩けばよいか迷うくらいであるから、視覚障害者はいっそう混乱

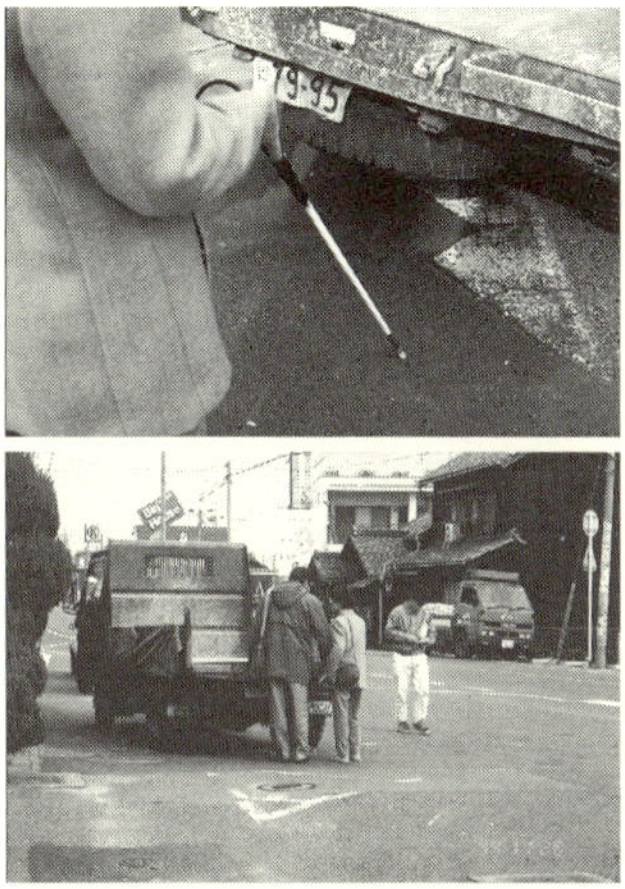

写真2.7　危険なトラックの駐車

写真2.8　工事用のトラックの駐車（上からａｂ名古屋市）

するだろうし、危ない。

また、bのように小型トラックが荷台を開けたままにしている例もみられるが、宙に浮いた薄い水平面は見た目にも不安である。これも視覚障害者には白杖ではとらえにくいので危険である。子どもにも危ない。

そのほかにも配送のクルマが後ろの扉を開けたまま駐車するなど、現状では好き勝手な方法で駐車が行われている。やむを得ない駐車だとしても、少なくとも危険のない方法で駐車しなければならない。工事現場では監視員が高齢者、障害者に配慮することが求められるが、どうもクルマの通行にしか気が回っていないように思われる。

悪質な交差点部の駐車

違法駐車に対する神経がほとんど麻痺していると思われるのは、写真2・9のような交差点部での駐車である。横断歩道の中に入って駐車しているケースもよく見かける。明らかに『道路交通法』違反である。

交差点部では見通し確保のためにすみ切りを設ける、街路樹は設けない、地下鉄の出入口の地上施設については壁面を低くするなど、様々なハード面の配慮が要求されていると聞く。にもかかわらず、違法駐車は野放しである。

交差点ではクルマ、自転車、歩行者の動線《どうせん》が交錯《こうさく》する。図2・3に示すように、ここは歩道のある道路と歩道のない一方通行の道路との交差点であるが、歩道のない道路を歩いてくる歩行者には左折してくるクルマがあるかどうか、見通しが悪くてよくわからない。歩行者には自転車も怖いが、それも見通せない。クルマや自転車が十分に徐行してくれればよいが、その保証はない。歩行者は自衛に心がけているが、それが難しくなってしまう。

とりわけ、車いすに乗っている人は目線が低いので、クルマに見通しをさえぎられるし、曲がってくるクルマや自転車からも見つけられにくい。高齢者は路面に気をつけ、クルマに気をつけ、自転車に気をつけるなど、同時にいろいろなものに気をつけて歩くことは容易ではない。歩くだけで精いっぱいの人もたくさんいる。そのうえ、見通しを妨げられれば、自衛にも限りがある。「祈るばかり」といった気持ちで外出する高齢者や障害者は多いのではないか。

すみ切りの重要性

交差点部の路上駐車は、視覚障害者にもことのほか迷惑な障害物である。歩道のない道路において交差点を発見するうえで、すみ切りが重要な意味を持っているからである。

写真2・10の一連の写真は「歩行訓練」における交差点発見と横断方法を表すものであり、図2・4はこれを図にしたものである。この横断方法はＳＯＣ[7]と呼ばれ、最も安全で確実な方法とされている。

簡単にいえば、路側の何らかの手がかり、この場合はＬ型溝に沿って「伝《つた》い歩《ある》き」[8]をしながら、すみ切り

写真2.9　見通しを損ねる悪質な交差点部の駐車（名古屋市）

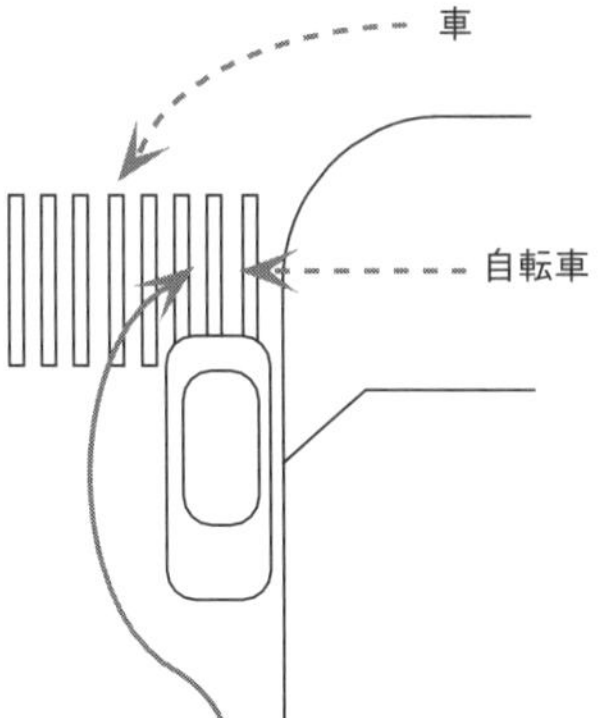

図2.3　交差点における違法駐車と歩行者の危険

を発見し、交差点であることを認識する。次に、すみ切りに沿って直交する道路へ回り込む。そこで民地境界の直線部に足を揃え、正面に向かって直進して横断し、再びすみ切りを回り込んで、元の道路に戻る。

このような方法がとられるのは、視覚が使えないと、いつのまにか曲がって歩いてしまいやすいからである。交差点は四方が開かれた空間であるうえ、四隅の状態はほとんど同じなので、曲がってしまったことを認識しないまま、目的の方向とは違う方向に進んでしまうことがある。私も「歩行訓練」の体験で、そのような失敗

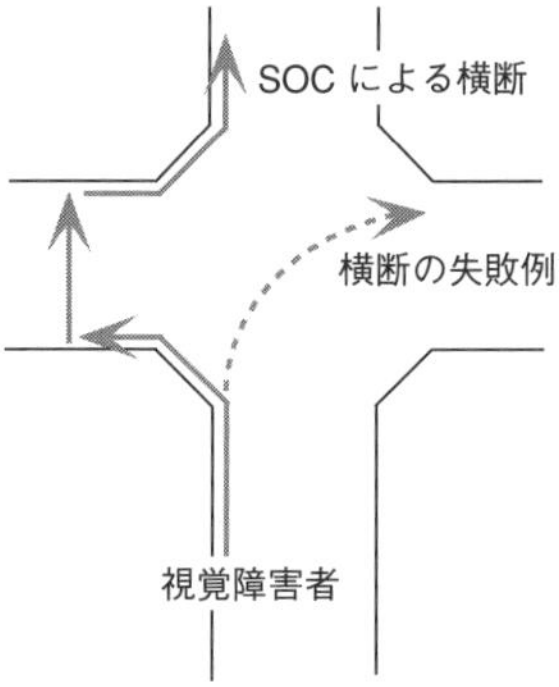

図 2.4 視覚障害者の確実な交差点横断の方法と失敗例

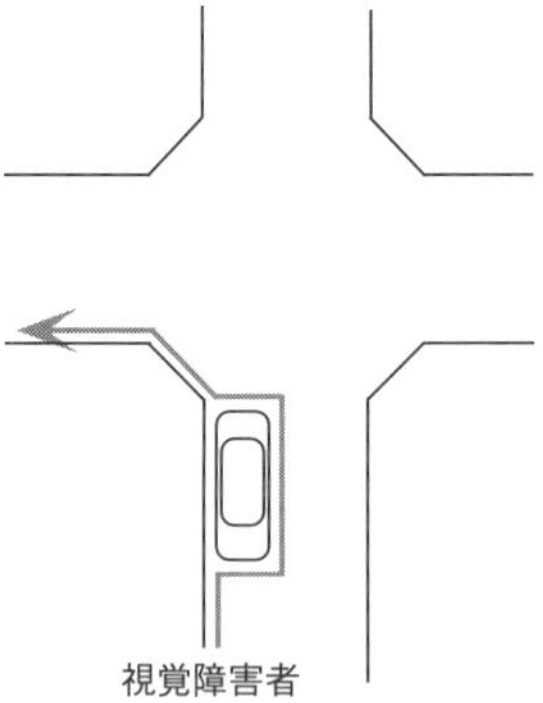

図 2.5 交差点部の路上駐車により予測される混乱

写真 2.10 すみ切りを回り込んでの横断（名古屋市）

をしたことがある。

その交差点部に路上駐車があるとどうなるか。すみ切りが発見ができず、交差点であることが認識できなくなるおそれがある。図2・5に示すように、クルマをよけて路側に戻った時に、その構造がとらえられず、直交する道路の路側を進行方向の道路の路側と錯覚して進んでしまうかもしれない。

交差点部の路上駐車は、視覚障害者が重要な手がかりとしている交差点部の構造を崩してしまう。日本の生活道路の多くが歩道のない道路であるから、そこが歩きにくいと、外出そのものが難しくなる。

ちなみに、先の図2・3のような場合も、歩道のない道路を歩いてきて、交差点で直交する歩道を見つけようとしても困難になる。駐車のクルマをよけて戻った時、歩道の縁にある縁石《えんせき》[9]を横断部のそれとは認識できず、そのまま直進してしまうおそれがある。そうすると車道に出てしまうという重大な危険をはらんでいる。

7　SOC（Squaring Off Crossing）：このような方法をとらず、交差点を発見したら、そのまま直進する視覚障害者もみられるが、それは平行する道路のクルマの音、空気の流れ、太陽光線などの様々な情報で交差点を判断する能力を身につけ、かつ、「直線歩行」能力が高い人だといってよい。

8　伝い歩き：動線を示す手がかりに沿って歩くことをいう。環境に応じて多様なものが用いられる。

9　縁石：車道と歩道の境界に設けられたコンクリート製のブロック。歩道の縦断方向には歩道と同じ高さの縁石が設けられており、交差点の横断部では歩道の高さを低くして、低い縁石が設けられている。

路側帯と駐車方法

路側帯は歩行者の通行のために路側に設けられた帯状の部分であり、道路標示、つまり、白線によって車道と区画されている。区画された路側帯は車道ではないので、クルマは通行できない。したがって、『道路交通法』の多くの条項において「歩道等」としてくくられている。「歩行者の道」の確保のために注目すべきところである。これと駐車との関係は、いったいどうなっているのだろう。

路側帯には3種類ある。

一つは白い実線1本で標示された路側帯であり、最も一般的なものである。「みなす路側帯」ともいう。この場合の駐停車の方法は、『道路交通法』第47条第3項によって「路側帯に入り、かつ、他の交通の妨害とならないようにしなければならない」とされる。「他の交通」とは歩行者のことであり、駐車に際して「歩行者の通行の用に供するため0・75mの余地をとること」と政令で定められている。ちなみに、路側帯の幅員は「0・75m以上」とされる。

しかし、クルマのドライバーは「0・75mの余地」について果たして認識しているのだろうか。友人に尋ねてみたが、どうもあやしい。これに反すれば違法駐車となるが、すでに多くの事例がそうであったように、見かけるものの大部分は車道を広く空けるように、建物側に寄って駐車している。ドライバーは車道を走るクルマの邪魔にならないようにと考えているのであろう。

二つめは「駐停車禁止路側帯」であり、白い実線と破線で標示されている。もちろん駐停車禁止であるが、

写真2.11　駐停車禁止路側帯における違法駐車（岐阜県、名古屋市）

写真2.12　歩行者用路側帯（東京23区）

写真2・11の例のように、何台も違法駐車が行われており、効力を発揮していない。不可解なのは、一方通行の道路において、一方通行の右側だけを駐停車禁止路側帯とし、他方を普通の路側帯としている例が多いことである。もともと、駐停車は道路の左側が大原則であるから、その禁止のために左側を駐停車禁止路側帯にするのならわかるが、右側だけを禁止するという論理が理解できない。写真の例もそうであるが、実際にはどちら側にも駐車が行われている。

三つめは「歩行者用路側帯」というもので、2本の白線で標示されている。いかなる場合もクルマは路側帯の上を通行することも、駐停車も認められない。写真2・12は歩行者用路側帯の例であるが、厳しい規制のためであろう、実際にはあまり見かけない。

なお、駐停車禁止路側帯と歩行者用路側帯は、公安委員会が設置するもので、根拠となる法令は確認できないが、幅員は「1・5m」とされる。

一方、路側帯が設置されていない道路も多い。つまり、「歩道等」に該当するものが設定されていない道路である。このような道路においては、第45条により「車両の右側の道路上に3・5m以上の余地がないこととなる場所においては駐車してはならない」とされるが、そうでない限り、第47条第1項、第2項により「道路の左側端に沿い、かつ、他の交通の妨害とならないように」駐停車することとなる。

このような路面標示以外にも、標識によって駐停車を禁止している道路もあるというから、ややこしい。

『道路交通法』における駐停車方法の疑問

私はクルマを運転しないので、やっとの思いで『道路交通法』を読みとろうとしているのであるが、駐停車禁止の規定は私には複雑である。複雑で認識されにくいものは守りにくいものである。警察署の担当官は「違法駐車を正確に取り締まることができれば一人前の警察官といわれるほど難しい」などともいうが、そんな難しい法律の方がおかしいのではないか。

問題は実態が伴っていないことであるが、法の規定自体にも疑問を感じる。

第一に、「路側帯に入り」という点である。「歩道等」とされている路側帯は、繰り返すが、車道ではないし、まして駐車場でもない。駐停車のクルマは歩行者にとってやっかいものであるが、それ以上に通行するクルマにとってやっかいものとみなされている。そこで、図体《ずうたい》の大きなクルマに比べて「歩行者は小回りが利く」からと、そのやっかいものを歩行者に押しつけているわけである。「歩行者の道」をないがしろにするやり方であり、明らかにクルマ優先、車道優先の考え方である。

ところが、それほど鉄面皮《てつめんぴ》にもなりきれず、「他の交通の妨害とならないように」、「0・75mの余地」を残すこととしているが、ごまかしであり、二枚舌ではないか。0・75mとはおよそドアの開口部の幅であり、歩行者一人が通行できるだけの隙間でしかなく、歩行者同士のすれ違いはできない。車いすの通行には1m近くの幅が必要であるが、これでは通行困難である。もちろんその路側帯は車道の余りもの扱いにされてきたので、通行しやすい平坦な状態ともいえない。

第二に、クルマは「道路の左側端に沿い」駐停車するものとされ、歩行者は第10条により「道路の右側端に寄って通行しなければならない」とされる点についてである。

クルマの通行と駐停車はキープレフトであり、歩行者はキープライトあるから、住み分けができているのかと、私などは一瞬勘違いしてしまったが、図2・6に示すように、歩行者の動線上に駐停車が行われるわけであり、歩行者はキープライトが守れない仕組みになっている。これは一方通行道路であろうと対面通行道路であろうと変わりはない。歩行者には一方通行というものがないからである。

そもそも歩行者のキープライトという規定自体が疑問である。歩行者は目的地へのルートを考えて便利な側、安全な側を歩きたいと思っており、右側通行のためにわざわざ道路を横断するということになれば、かえって危険である。道路の横断ほど怖いものはない。路側帯が設置されていないので、このキープライトの義務が生じるわけであり、路側帯が設置されていたなら、歩道と同様、左右どちら側を歩いてもよいことになる。

第三に、０・７５ｍ、３・５ｍといった規定についてであるが、これを目測で言い当てることができる人がいるとすれば、それは特別な能力を持った人ではないか。そのような特別な能力をあてにした法令に実効性が期待できるだろうか。

第四に、駐車、停車の違いについてである。これは私にはとても手がおえないが、おそらくクルマの都合で規定していることであろう。いずれにしても歩行者が通行するその瞬間において、駐車であろうと停車であろうと障害物となることに変わりはない。駐停車と歩行者の動線を切り離さないことには、解決の見通しはないのではないか。

なお、警察官が「違法駐車の取り締まりは難しい」というのは、この駐車、停車の違いを意識してのことだ

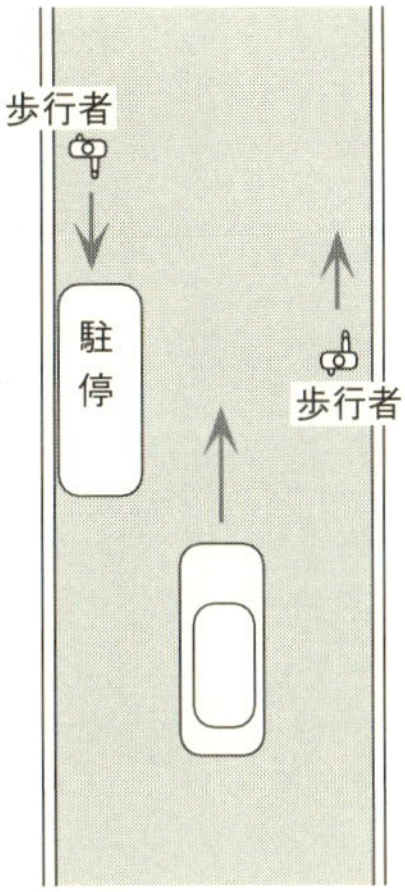

一方通行道路の場合

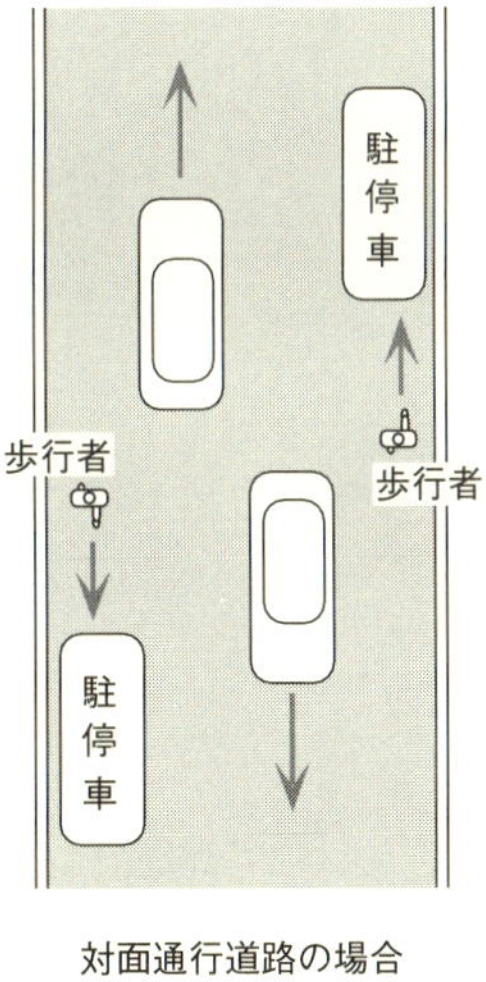

対面通行道路の場合

図2.6　歩行者のキープライトと駐停車の関係

ろうが、そんな微妙なことにこだわらなくても、明らかな違法駐車はごまんとみられる。

「歩行者の道犠牲の定式」と路側帯の位置づけ

肝心なことは「歩行者の道」を確保することであり、それが路側帯であるなら、その位置づけを明快にすることから始めるべきではないか。以下は問題提起である。

まず肝心なことは、車道と白線で区画された明瞭な路側帯を設置することである。現状では路側帯の設置されていない道路が多いが、それは歩行者の観点が希薄だったからだろう。

この路側帯の幅員は、最低でも1・5m確保し、できる限り広くとることが求められる。そのためには、一方通行規制を進めることも必要だろう。

現状における路側帯と車道の幅員設定は恣意《しい》的であり、車道幅員に余裕を持たせ、その余りを路側帯にしているのが実態である。お情けで路側帯として0・75mの幅を歩行者に与えれば、残りはどんなに広くても、それはクルマのものだする考え方があるといってよい。その路側帯に電柱があってもお構いなしである。これはクルマと歩行者の力関係の結果であり、バランスをとるセンスなどはなかった。

このような考え方は道路の様々な面にみられることであり、「歩行者小回り論」に基づく「歩行者の道犠牲の定式」と呼びたい。（道路の諸条件）―（クルマの道の都合）＝（歩行者の道）であり、「クルマの道」の都合だけが恣意的に定数化されている。歩道や路側帯の幅員についても、邪魔者の扱いについても、「歩行者の道」はこの定式によって犠牲となる宿命を負わされている。先の「路側帯に入り」駐車というのも、この定式の結果である。

さらに、路側帯にはクルマは駐停車しないで、常に歩行者に開放すべきだと思う。つまり、駐停車する場合は車道内で行うということであり、それでこそ「歩道等」としての筋が通る。もしも、駐停車中のクルマの脇をクルマが通行する際に車道の幅が足りなければ、多少、路側帯の方に入り込んで通過してもかまわない。もちろん、横断歩道を通過する際と同様、徐行することが条件である。このような「車道内停車方式」とすれば、不急不要な駐停車は減少するであろうし、違法性が見た目にも明快なので、取り締まりが容易になるのではないか。これらの点については第2巻第9章で、さらに詳しく考察するつもりである。

ヨーロッパやアメリカでは、よほどの田園地帯でもなければ、歩道のない道路は見かけないが、日本では住宅地の道路の多くは歩道のない道路である。そこをクルマが我が物顔に通行し、道路の端っこを歩けば駐停車のクルマがある。そんななかをぬって、歩行者と自転車が通行している。すっかり見慣れてしまっているとはいえ、野蛮な状態であり、とりわけ高齢者や障害者、子どもには過酷である。

多くの人が様々な観点で、現状の道路がおかしいと思っている。以下は新聞の読者欄にみられる高齢者の声[10]であり、歩道のない道路の状態ではないかと思う。「人数が少ないのか、話すことがないのか、それとも一列に並んで歩くために話しにくいのか。ワイワイ、ガヤガヤの声がほとんど聞かれない」、「夫の口から『葬列みたいだ』の言葉がもれることがある」。小学生の集団登校風景についてであり、「通学の路上から、年寄りに元気をくれる」ことを願うという。

10　朝日新聞、2000・12・2、62歳女性。

2　歩道への乗り上げ駐車

常習化しているはみ出し駐車

歩道が整備されていたなら、駐車の難から歩行者は免れるだろうか。そんななまやさしいものではない。クルマは歩道をも侵略している。

写真2・13は事業所の前の駐車場からはみ出した駐車の例である。このスペースは本当に駐車場なのかどうか定かではないが、駐車場とすれば奥行きが狭い。建物と平行な向きに駐車すべきところであるが、台数をかせぐために直角に駐車しているので、歩道へ大きくはみ出す結果となっている。

電動モーター付き車いすを利用しているIさんは、図書館へ行くのにこの道路をよく通るが、車いすでは歩道は通行できない。「いつも車道を通る」という。この場所を含め、200mぐらいの区間に、たいてい3、4箇所、駐車の問題がある。クルマの交通量が多くないとはいえ、歩道があるにもかかわらず車道を通行しな

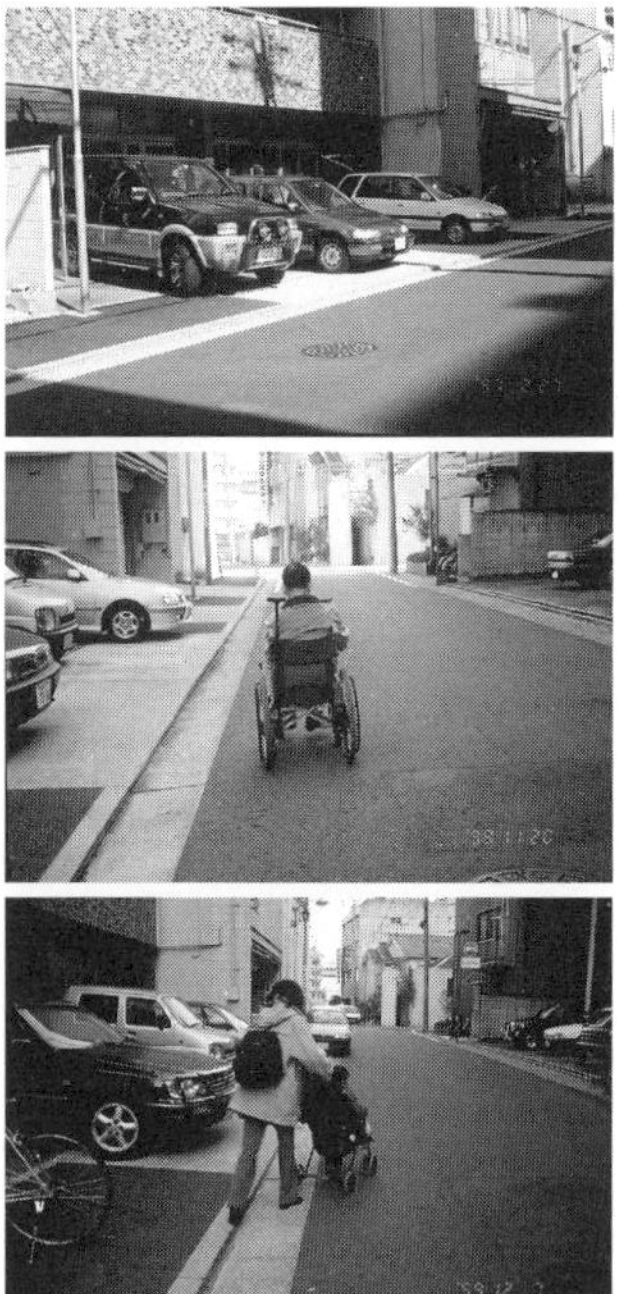

写真2.13　はみ出し駐車のために車道を通行する車いす、ベビーカー（名古屋市）

ければならないというのは、やはり不自然であり、不本意である。

ここはベビーカーも通行できない。車道に下りて通過することになるが、この若い母親Kさんは「子どもの安全が第一。何があるかわからないので車道は歩きたくない」といい、すぐにまた歩道に上がる。「上がったり下りたり」をこまめに繰り返すことになる。このような「上がったり下りたり」という言葉をよく耳にする。

一般の歩行者であっても、この狭い所を通行しようという人はまずいない。不愉快であるし、洋服が汚れてしまいそうなので、私はいつも車道を通行する。

この事業所の前は週末を除いて毎日このような状態である。常習化しており、終日にわたるだけに悪質である。はみ出し駐車は歩道を私物化する行為であり、駐車場の前だけにとどまらず、一区間の歩道全部を使えなくする。そして、歩行者が歩道を通行しなくなると、ほかの場所でも違法な駐車が行われる。この事業所の場合は営業車か従業員のクルマのようであるが、これほど責任者が特定しやすい状態が、なぜ放置されているのだろう。

はみ出し駐車と車乗り入れ部

はみ出し駐車の問題は、駐車場の前の車乗り入れ部[11]のすりつけ[12]勾配の問題とセットになっている。写真2・14は別の事業所の前の歩道であり、やはり営業車らしきクルマがはみ出している。なんとかベビーカーでも通行できる幅が残されているが、そこにはすりつけ勾配がある。勾配の上を通行する時、ベビーカーが斜行して「車道に落ちそうになる。ベビーカーが傾くのも気になる」という。手押し車を使っている高齢者にとっても全く同じであろう。

車いすを使う人にはさらに深刻である。写真2・15は店舗の駐車場に収容できなかったクルマが駐車してい

写真2.14　勾配のある車乗り入れ部は通行しにくいというベビーカーの母親（名古屋市）

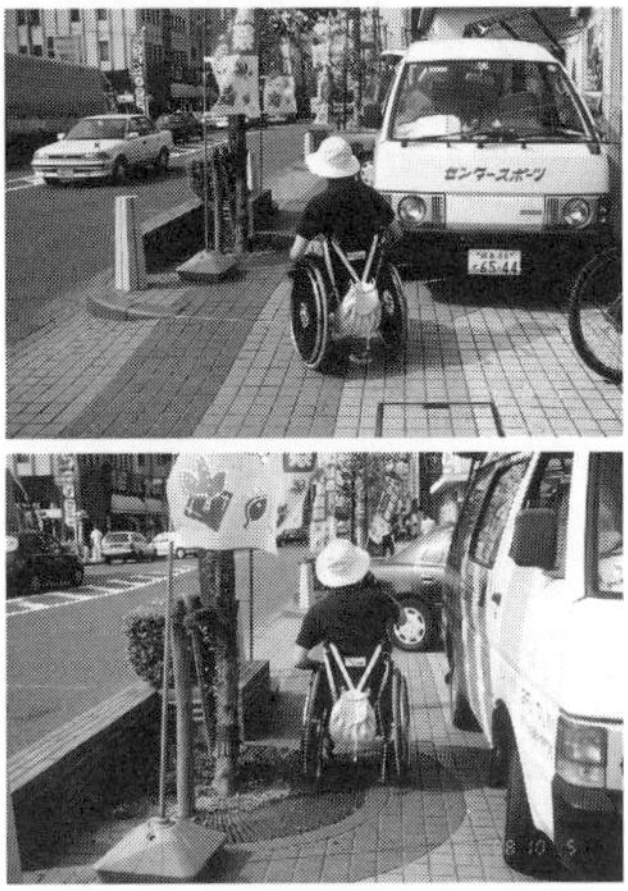

写真2.15　勾配をよけ、駐車のクルマをよけて通行する車いす（岐阜県）

写真2.16　介助者がいないと通行できない車乗り入れ部とはみ出し駐車（岐阜県）

る例であり、これも営業車である。

駐車場の前にすりつけ勾配があり、車いすは斜行して車道に落ちそうになるので、建物側に寄って通過するわけであるが、そのすぐ先に駐車のクルマがある。これは建物側にあるので、今度は車道側に寄ることになるが、車乗り入れ部との距離が短いので、うまく操作して通過しなければならない。さらに、駐車のクルマのために残された歩道の幅は狭いので、街路樹の根元のでこぼこした所を通過しなければならない。このすぐ先にも車乗り入れ部があるので、再び建物側に寄らなければならない。車いすをジグザグに操作して進むことになる。

この場合はなんとか通過することはできたが、このクルマがもう少し車乗り入れ部の近くに駐車していたなら、通過できなかっただろう。あるいは無謀な通過ということになっただろう。多くの場合、写真2・16のように誰かの手助けが必要となる。

同じような困難は、路面の平坦性を気にしている高齢者をはじめ、歩行者の誰もが感じていることである。進行方向と直角な方向に設けられた勾配の上を不用意に歩くと、捻挫を起こしかねない。とりわけ、脳卒中などによる片マヒの人は、不自由な足を勾配の高い側に乗せる形で歩く時、足が持ち上がらず、引っかかって転倒しそうになるという。視覚障害者も足場の悪い所は歩きたくない。「通れる幅が残されているからいいじゃないか」では済まされない。

詳しくは第2巻第7章において述べるが、車乗り入れ部のすりつけ勾配は車道側の短い範囲で急勾配で設置し、歩道上に水平部を広く確保するのが原則である。ところが、実際には、歩道の広い範囲にわたってすりつけ勾配を設ける方法が一般化しており、そのうえ、はみ出し駐車があちこちで行われている。構造的にみても、その利用の仕方をみてもクルマ本位であり、高齢者、障害者が普通に通行できる歩道を探す方が難しいくらいである。

ついでながら、駐車場から出てくるクルマというのも、実に身勝手であり、写真2・17の高齢者は脅威だという。「いきなり出て来て、接触されそうになったことがある」と友人の視覚障害者もいう。駐車場から出てくるクルマは、いったいどこに注意を払っているのか、時々、観察することがあるが、目線は車道にあり、歩道には目もくれないドライバーも多い。

また、地下駐車場などからクルマが出てくる時に警告音を発する装置というのは、クルマのクラクションと

写真2.17　駐車場から出てくるクルマが怖いという高齢者（名古屋市）

同じであり、歩行者を威嚇《いかく》するものである。「そこのけそこのけ、クルマが通る」といった横暴な論理を、公然と自動装置化しているだけに始末が悪い。用心深い歩行者は不快な気分でよけざるを得ない。歩道もまた、クルマのテリトリーと化している。

11　車乗り入れ部：駐車場や車庫への出入りのために、クルマが歩道を横断する部分。
12　すりつけ：段差を埋めたり、削ったりして傾斜を設けた部分。

トラックのはみ出し駐車

先の高齢者は90歳を超えるSさん（故人）であり、歩道で転倒し、後遺症があるので、杖を使って歩く。高齢者にとってのバリアフリーのケーススタディとして外出に同行させていただいたが、クルマの横暴について嘆いておられた。写真2・18もその例である。

左手の駐車場から、大型トラックはみ出している。それほど広くない歩道が、トラックのためにさらに狭くなっている。ちょうどそこに街路樹があり、根元には砂利が敷かれている。歩行者が普通に通行できる幅は残されておらず、Sさんはトラックと足下の砂利に注意しながら、体を斜めにして通過する。足腰の不自由な人が体を斜めにして歩くことは、決して容易ではない。

この現場を車いすで通りかかったらどうだろう。無理に通ろうすれば、街路樹の根元の砂利にキャスターがとられて、身動きできなくなるのではないか。高齢者が最近よく利用するようになった3輪または4輪の電動スクーターは幅がやや広いので、通過できそうにない。ここは幹線道路なので、車道に出るわけにもいかない。手前の交差点まで戻って、反対側の歩道を通行しなければならなくなるが、反対側が安全という保証がないのが現実である。

視覚障害者にとってこうした大型トラックの危険性は先に述べたとおりである。この駐車場には歩道との境界にフェンスなどによる仕切りがないので、はみ出し駐車が行われやすい条件にある。同時に、仕切りのないオープンな駐車場は、視覚障害者が迷い込みやすいという問題もある。歩道との境界にはフェンスなどで区分し、はみ出さない、迷い込まないようにする必要がある。

ちなみに、写真2・19はある市役所の正面玄関脇の公用車用駐車場であるが、小型トラックの後部がはみ出している。このトラックは黄色のボディに水平に白い帯をつけたもので、道路維持作業用の車両である。これは救急車などの緊急自動車の一種とされ、『道路交通法』において一般車とは異なる扱いとなる。特別なクルマなので何でも許されると勘違いしているのかとも思えるが、公的機関においても駐車に関して無神経である。

歩道への乗り上げ駐車

『道路交通法』には「歩道にクルマを駐車してはならない」という直截《ちょくさい》な文言は探し当てられない。どうなっているのか不思議に思っていたが、「道路の左側端に沿い、かつ、他の交通の妨害とならないようにしなけれ

写真2.18　駐車場からはみ出したトラックの脇を通過する高齢者（名古屋市）

写真2.19　駐車場からはみ出した道路維持作業車両（岐阜県）

ばならない」という第47条が違法の根拠らしい。しかし、歩道も道路の一部であるから「道路の左側端」ではなく、「車道の左側端」とするのが正しい。どうも『道路交通法』は歩道が一般化しない時代の枠組みのままのようであり、素人にはわかりにくい。

ともあれ、歩道は駐車すべき所ではないことは誰もが知っているが、実態はメチャクチャである。ドライバーというのは、車道においては法規を守ろうとしているのかもしれないが、歩行者という、クルマにとっては脅威でも何でもないものに対しては全く傲慢《ごうまん》である。

写真2・20は様々な地域で見かけた歩道への乗り上げ駐車である。こうしたものは、枚挙《まいきょ》にいとまがない。

aは店舗の前の歩道への乗り上げ駐車である。自転車に乗った人がかろうじて通り抜ける程度の幅しか残されていない。店舗の向こうに駐車場があるにもかかわらず、ドライバーのなかには、「ちょっとの間ならよいだろう」という意識が強い。ちょっとの間というなら、車道でも同じだと思うが。

bの場合、2台の営業車とみられるクルマが互い違いに駐車している。歩行者のための通路を残しておこうという遠慮のかけらもみられない。

写真2.20 様々な地域での歩道への乗り上げ駐車（上からａ岐阜県、ｂ埼玉県、ｃ岐阜県、ｄ熊本県）

写真2.21 出っ張ったものが危ないという視覚障害者（名古屋市）

c、dのように配送用のトラックの乗り上げ駐車もよく見かける。トラックは幅が広いので見通しが悪くなる。高齢者など、いつも足下に注意して歩いている人には、自転車が狭い所から出てきてもよくわからないし、とっさに行動できない。車いすの人も、そのほかの歩行者も、自転車に乗った人も、誰にとっても迷惑である。たびたび述べているように、視覚障害者にとっては予期せぬ場所に駐車しているトラックは、ことのほか危険である。

また、写真2・21は、後ろに突起物をつけたクルマの乗り上げ駐車である。この視覚障害の男性は、「歩道にこんなものがあるとは思わないで歩いている。顔をぶつけてしまいそうだ」という。

歩道はこのようなクルマの加重に耐えられる設計にはなっていないので、舗装材が痛み、起伏が生じやすい。とりわけトラックのダメージは大きい。この維持補修費は税金で負担されるわけであるが、これも理屈に合わないことである。

常習的な乗り上げ駐車

写真2・22は、私がよく通行する歩道であり、幅員は広い。この歩道では乗り上げ駐車が常習化している。とりわけこのガソリンスタンド、車販売店の前の歩道には、いつ見ても2、3台のクルマがある。ガソリンスタンドの場合、洗車などが終わって引き取りにくる間、このように歩道に出しているようである。車販売店の場合は、客のクルマを歩道に誘導したり、販売用のクルマを展示するのにも使っているようである。

歩道が広いので歩行者にはさしたる不都合はないと思われるかもしれないが、こうした歩道への乗り上げ駐車の常習化が、別の所での乗り上げ駐車の「呼び水」になる。次にみるような狭い歩道への悪質な片足駐車は、この延長線上にある。

狭い歩道への片足駐車

写真2・23のような歩道への片足駐車は全く迷惑である。クルマの片側の車輪を歩道に乗り上げているものを、「片足駐車」と呼ぶこととする。

ａは店舗の前であり、配送用のトラックが片足駐車している。高齢者をはじめ、歩行者は体を斜めにして通過しなければならない。車いすは通行できそうにない。このような狭い歩道の場合、自転車は『道路交通法』に基づいて車道を通行すべきとされるが、トラックが見通しを悪くしているし、バスも走っているので危ない。自転車を押して歩道を通行しようにもできない状態である。

この歩道の歩車道境界《ほしゃどうきょうかい》の縁石に駐車禁止の黄色の破線が引かれている。短時間の停車ならばよいことになるのであろうが、それは車道においてであり、歩道ではない。

ｂは電柱のそばに片足駐車が行われている例である。電柱は車乗り入れ部には設置できないので、その近くに設置される。かたや、片足駐車をしようとするクルマは車乗り入れ部から歩道に乗り上げるが、車乗り入れ部を避けるだけの「わきまえ」がある。結果的に、車乗り入れ部のそば、電柱のそばに片足駐車が行われる。

写真2.22　常習的な乗り上げ駐車
（名古屋市）

もともとの歩道が狭いうえに、電柱があり、片足駐車のクルマがあるので、歩行者がやっとすり抜ける程度の幅しか残っていない。これでは車いすは通行できない。ベビーカーや高齢者の手押し車も通れるかどうか。歩行者の多くは車道を通行しているが、クルマの交通量の多い道路である。車いすやベビーカーが車道を通行することなど、できるはずがない。

写真2・24もbと同じ区域の歩道であるが、ほんのわずかな幅が残されているだけである。この母親は車道を通行したくはないという一念で、なんとかベビーカーを通過させた。写真のように子どもはたいていベビーカーから手を出している。その手を引っ込めたりしてのことである。子育て中の苦労はこんなところにもある。

これらはいずれも対面通行の道路であるが、道路全体の幅員が狭く、それゆえに車道も歩道も狭い。車道が狭いので片足駐車が多くなり、ただでさえ狭い歩道の機能が奪われる。クルマのドライバーは、車道に駐車すれば渋滞を招くことは承知している。それで「歩行者は小回りが利くので、ちょっとの間ならばよいだろう」などと考えているのか、何も考えていないのか知らないが、小回りの利かない歩行者も多い。クルマの事情を「歩行者の道」に持ち込まないでもらいたいものである。

写真2.23　悪質な狭い歩道への片足駐車（上から a 東京都、b 名古屋市）

写真2.24　片足駐車の脇をかろうじて通過するベビーカー（名古屋市）

本来は一方通行規制をかけて1車線にし、歩道を拡幅すべきような道路である。配送車のために停車の必要があるなら、停車帯を設置すればよい。方法はどうあれ、「歩行者の道」を守る姿勢が求められている。

写真2.25　ある町の違法駐車の風景（岐阜県）

ある町の違法駐車の風景

写真2・25は地方都市の歩道にあふれる違法駐車の様子である。駐車場からのはみ出し駐車、乗り上げ駐車、片足駐車のオンパレードである。反対側には歩道はないが、そちら側には路上駐車のクルマが列をなしている。歩道は歩行者が通行できる状態ではないので、高校生が車道を歩いている。高齢者も車道を歩いている。暗澹《あんたん》とするのは、この歩道の舗装の真新しさである。この歩道はごく最近整備されたのであろう。その結果がこれである。クルマのためにお金をかけて化粧をしたようなものである。

ハードの整備をしても、管理が適切に行われなければ、歩道は歩道として機能しない。これが整備と管理を一体化したシステム不在の国の風景である。

バス停そばの違法駐車

車道における駐車やそれによる渋滞の問題は本書の関心ではないが、歩行者との関連で、車道における駐車について、少し付け加えておきたい。

バス停のそばに駐車が行われると、バスが定位置に止まれないという問題についてである。以前、バスをよく利用していた頃、バス停の位置にタクシーが止まり、その運転手がパチンコ店に入って行ったのを目撃したことがある。案の定、バスはずっと遠くに止まってしまい、せっかく列をつくって待っていた乗客があわててバスに駆け寄り、高齢者が後を追う結果になった。高齢者は座席を確保したくて早くから待っていたにもかかわらず。

さらに、視覚障害者は「バスが定位置に止まってくれないと困る」という。写真2・26はバス停の位置に立つ全盲の男性Hさんであり、バスが定位置に止まってくれるように、白杖を前に出し、バスの運転手が視覚障害者の存在を発見しやすくしている。定位置に止まったなら、そのドアの位置は見当がつく。ところが違う所に止まってしまうと、バスの車体に手をふれながらドアを探すことになる。手間どってしまうし、手も汚れる。

写真2.26　バスは定位置に止まってほしいという視覚障害者（愛知県）

現状では、バスの運転手が不用意にいいかげんな位置に止まることがあるが、学習によって改善の可能性はある。しかし、駐車のクルマがあると、定位置に止まることは決定的に困難になる。この問題は歩道の整備されていない道路でも同じである。

なお、歩道の幅員が狭く、自転車が車道を通行することになっている道路におけるクルマの駐車は、自転車には大きな脅威である。そこで、自己防衛のために自転車は歩道を通行しているが、この自転車が歩行者の脅威となっている。これについては歩道の幅員の問題とあわせて、第3章、第4章で考えてみたい。

3 「オジャマン棒」による駐車対策

「オジャマン棒」の効果

ポールが立てられている歩道を多く見かけるようになった。歩行者が歩くべき歩道の真ん中にである。歩道へのクルマの乗り上げ駐車防止のためであり、「歩道にクルマの障害物となるものを設置し、クルマの通行や駐車を防止する」ことをねらいとしたものである。言い方を変えれば、「歩行者を守るために、歩道に障害物となるものを設置する」というものである。全く変な論理であるが、これが増えている。

写真2・27はそのような例である。aは国道であり、ガソリンスタンドの前である。b、c、dは中心市街地の歩道であり、いずれも駐車場やビルの荷物搬入口などの近くである。そのような所で歩道への乗り上げ駐車が行われやすいためであろうが、問題箇所に限らず、ポールは連続的に設置されている。

こうした車止めのポールを、道路関係者は自嘲的に「オジャマン棒」と呼んでいる。邪魔を承知で設置して

写真2.27　歩道の真ん中のポール（上からa愛知県、b～d名古屋市）

いるわけであり、悩みはあるらしい。

ところが、b、cにも現れているように、歩道には乗り上げ駐車がみられる。少なくともcは私がよく知っている歩道であり、ポールが設置されたのは4年ほど前のことであるが、その後も乗り上げ駐車は日常化している。「オジャマン棒」という嫌われものをあえて設置した効果は、実に疑わしい。

「オジャマン棒」のわかりにくさ

先のaのポールは黄緑色をベースにして、黄色で縞模様がつけられている。アスファルトの歩道に対して目立つようにという配慮であろう。

一方、bはよく見ると黄色っぽい地に白い線が入っているが、後で色を塗ったためか、くすんだ色である。歩道の舗装は灰色であるが、決して目立つとはいえない。保護色の類である。

cのポールは灰色である。頭部に黄色のテープのようなものが巻かれているが、全体として歩道の灰色と同じ色合いであり、同化している。後に下の方にも白いテープが巻かれたが、それほど「危ない」という苦情が多いのだろう。

さらに、dは黒色であり、とりわけ日影では目に止まりにくい。これを初めて発見した時は、ドキッとした。全体として目立たないものが多い。目立てば目立つほど、歩行者の抵抗感が高まるためだと思われるが、それが困る。街路景観に関する専門書にもこのように書かれている。「駒止めは(中略)極端に自己主張の強いデザインは避けた方が街路景観を混乱させにくい。街路景観全体の中で駒止めが浮き上がった存在にならないように色彩や意匠の選択を行う必要がある」[13]。駒止めとは車止めのことであり、これが景観論の主流の考え方であるが、ここには歩行者の安全の観点はみられない。段差を目立たなくするのと同じことである。

しかし、目立てばよいというものでもない。ごく一般の歩行者にとっても、歩道の真ん中の車止めは目障りであり、目障りなものはストレスになる。また、このポールの所で自転車が急に曲がることがあり、そうすれば、歩行者はヒヤリとする。

13 土木学会編：『街路の景観設計』、技報堂出版、1985。

高齢者と「オジャマン棒」

「オジャマン棒」は、「歩行者小回り論」に基づく「歩行者の道義牲の定式」に沿ったものの典型であるが、小回りの利かない歩行者はたくさんいる。

高齢になると聴力とともに、視力も低下し、視野も狭くなる。そして、全身の筋力の低下、バランス能力の低下、外部からの刺激に対する反応の鈍化など、様々な心身機能の低下により転倒が増えるとされる。最も大きな心配は路面であり、下を見て歩きがちであるが、そうすると車止めのポールが目に入りにくい。もともと、あろうはずのない障害物である。ぶつかってバランスを崩して転倒すれば、取り返しのつかない後遺症を残しかねない。

実際、高齢の現役の人とバリアフリーの話になった時、通勤途上にあるこのポールのことが話題になった。この人は視野に暗点《あんてん》[14]があり、「ぶつかる」というのである。手提げ鞄がぶつかってバランスを崩すこともあるという。さらに、状況はよくわからないが、その夫人はぶつかって転倒したという。

最近、緑内障のことが新聞、テレビでたびたび報道されている。緑内障患者は全国で300万人と推定され、40歳以上では30人に1人の割合で発症し、高齢者人口の増加に伴って増加しているという。この特徴的な症状は視野狭窄《きょうさく》[15]が進むことであり、周囲のものが視野に入らなくなる。そのような多くの緑内障患者が、このようなポールを脅威に思っていることだろう。

にもかかわらず、「オジャマン棒」には執念のようなものが感じられる。先のdの黒いポールは、実はゴム製である。人がぶつかっても痛くないようにという配慮であろう。さらに、何かがぶつかると「起き上がり子法師」のように倒れて、また起きるという優れものである。しかし、クルマならば有効であろうが、高齢者がぶつかればバランスを崩す。危なさは勝るとも劣らない。

14 暗点：視野の一部が欠損し、暗く（見えなく）なった状態。
15 視野狭窄：視野が狭くなった状態。

視覚障害者と「オジャマン棒」

歩道の真ん中の障害物は、視覚障害者にはことのほかやっかいなものであることは、容易に推察されよう。

写真2・28は全盲の男性Hさんの通勤途上の歩道であり、彼はこの交差点で左に曲がって会社の前の歩道に入る。ごく一般には民地側に寄って、すみ切りを発見して曲がるという方法をとるが、建物側に看板が多く出されているので、面倒だという。毎日の通勤で、歩き慣れていることもあり、交差点部を多様な情報を総合して判断し、このように曲がり込むわけであるが、その最も難しい曲がり角に「オジャマン棒」がある。この日はポールと看板の間をうまくすり抜けるようにして通過したが、いつもこのようにスムーズに曲がり込めるわけではないらしい。

視覚障害者には点々と置かれた細い棒状のものは発見が難しい。白杖を左右に振って障害物がないかどうか確認しながら歩くのが基本であるが、図2・7に示すように、白杖ではうまくとらえられない場合もある。白杖を巻き込んでしまうとすればまだよい方で、勢いでぶつかってしまうおそれもある。

そのあたりに障害物があることを知っていたなら、ゆっくり歩いて、ぶつかっても衝撃が少ないように工夫をするが、「ある日、突然、こんなものが設置されていたので、びっくりした」とHさんはいう。ところが、「いちいち腹を立てていたら歩けなくなる」ともいう。腹立たしいものであり、ストレスになるものであることの裏返しの言葉である。

ちなみに、先の写真2・27のaは、視覚障害者のグループインタビューを行った時、これが非常に危ないというので、現場へ行って写したものである。「視覚障害者のためだといって、点字ブロック[16]を一生懸命敷いている。むしろ、今ある危ないものをなくしていくことが先決ではないか」といい、その例にあげたのがこの車止めのポールである。まさにマイナスのデザイン論である。

16　点字ブロック：「視覚障害者誘導用ブロック」の通称。突起が点状の警告ブロックと線状の誘導ブロックがある。

歩車道境界のポールと視覚障害者

クルマの片足駐車を防ぐ目的で、歩車道境界に車止めのポールを点々と連続的に立てる例も多い。

写真2.28　視覚障害者のストレスとなる歩道の真ん中のポール（名古屋市）

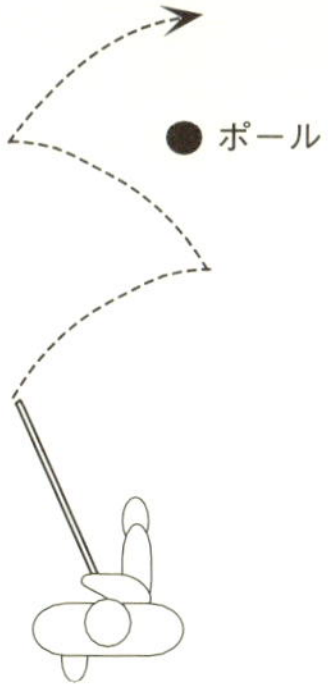

図2.7　視覚障害者の白杖の軌跡と車止めのポール

写真2・29の歩道は1・5m程度の幅員であるが、この歩車道境界にポールが並んでいる。写真の男性は全盲の人である。白杖を肩幅よりやや広い幅で左右に振るのが基本であるが、狭い歩道では白杖がポールにひっかかりやすい。ちょっとふれるだけならまだよいとしても、振った時のタイミングによっては、ポールを巻き込んでしまう。「能率的に歩けないので困る」という。

写真2・30は網膜色素変性症による視野狭窄のある若い男性であり、白杖はまだ使っていない。彼の視野は、手のひらで直径2cmぐらいの筒をつくり、これを通して見た状態に近いという。試してみるとわかるように、脇にあるものが全く視野に入らない。

彼はこのポールの並ぶ歩道を避けて、車道を歩く。「これ（ポール）が目に入らないので、ぶつかりやすい」からである。かといって、近くのものを視野に入れるようにして歩こうとすれば、今度は、前方の状態がわからなくなり、危ない。

ここで使われているポールは黒色であり、歩道のアスファルトと色の違いがないので、弱視の人には見つけにくい。視野狭窄の人は単に視野が狭くなるばかりでなく、視力も低下しているので、なお見つけにくい。緑

写真2.29　歩車道境界のポールに白杖がひっかかって歩きにくいという視覚障害者（名古屋市）

写真2.30　歩車道境界のポールにぶつかりやすいので車道を歩く視野狭窄の視覚障害者（名古屋市）

内障の人も同様であり、視力が低下し、視野も狭くなった高齢者も同じと考えてよい。

ちなみに、彼が車道を歩くのは、車道に引かれた白線が動線の手がかりとして利用しやすいという理由もある。そして、走ってくるクルマであれ、路上駐車のクルマであれ、その大きなものさえとらえれば、車道の方が歩きやすい。ちまちまとした邪魔なものは車道にはなく、歩道に設置されている。「日本の歩道は物置だ」という人もいる。

ポールと点字ブロック

歩車道境界に車止めのポールを設置する例は全国至る所で見られるが、地域によって、写真2・31のように、ポールの一本一本の周りに視覚障害者用の点字ブロックを設置する例もある。よほど苦情が多いのだろう。

この点字ブロックは点状の警告ブロックで、注意を喚起するサインである。これをよけて歩くとすれば、この狭い歩道のどこを歩いたらよいのだろう。ご多分にもれず、建物側には電柱が立ち、ものが置かれている。

この警告ブロックの意味するところを言葉にすれば、一歩歩くたびに「危ない」、「危ない」というようなも

写真2.31　ポールを警告する点字ブロック（大阪市）

のである。警告ブロックにまじめに注意を払って歩こうものなら、ストレスがたまるに違いない。点字ブロックは「行政の免罪符」だという視覚障害者がいるが、これはその典型的な例であり、邪道ではないか。

写真2.32　歩道側に出っ張った危険なボラード（埼玉県）

ボラードという名の危険物

歩車道境界に設置された車止めのポールは、歩道の有効幅員を狭めるという問題もある。その著しい例が写真2・32である。

こともあろうに長辺を歩道と直角、つまり、歩道に出っ張る形で設置しており、歩道の有効幅員は2／3程度に狭められている。もともと1・5m程度の狭い歩道であり、1mが残されているだけである。おまけに、これは自然石の固い材質であるうえ、角がある。見た目にも痛い。

小さな子ども連れの親は、手をつないで近寄らないように注意しなければならないだろう。高齢者や視覚障害者が、万一、ひざやすねをぶつけると、うずくまって動けなくなることだろう。

また、この歩道の車乗り入れ部のすりつけ勾配が広くとられているので、車いすは斜行し、真っ直ぐには進めない。車いすをあっちへ向けたりこっちへ向けたりしながら操作しなければならないが、そうした時にぶつかるおそれがある。ごく一般の歩行者も、おしゃべりしたり、よそ見をしていては歩けない歩道である。

これは景観整備の名のもとに設置されたに違いない。照明がついており、歩行者灯を兼ねたものである。このようにこったつくりのものはボラードと呼ばれており、コストもかかっている。しかし、こんなものを喜んでいる歩行者がいるとは思えない。歩行者の観点を忘れて行われているのが、現在の「景観行政」である。

ちなみに、ボラードは球形ならば見た目にもやさしいということで、そのようなものを使う例もあるが、問題は同じである。ひざより低いものは、つまずくと前のめりに転倒してしまう。

バスベイのボラード

写真2・33はバス停である。このように歩道を狭めてバス停車帯を設けたものをバスベイというが、その狭くなった所にボラードが設置されており、歩道をさらに狭めている。

このボラードのそれぞれはチェーンでつながれている。チェーンはわかりにくいので、バスを降りた人がボ

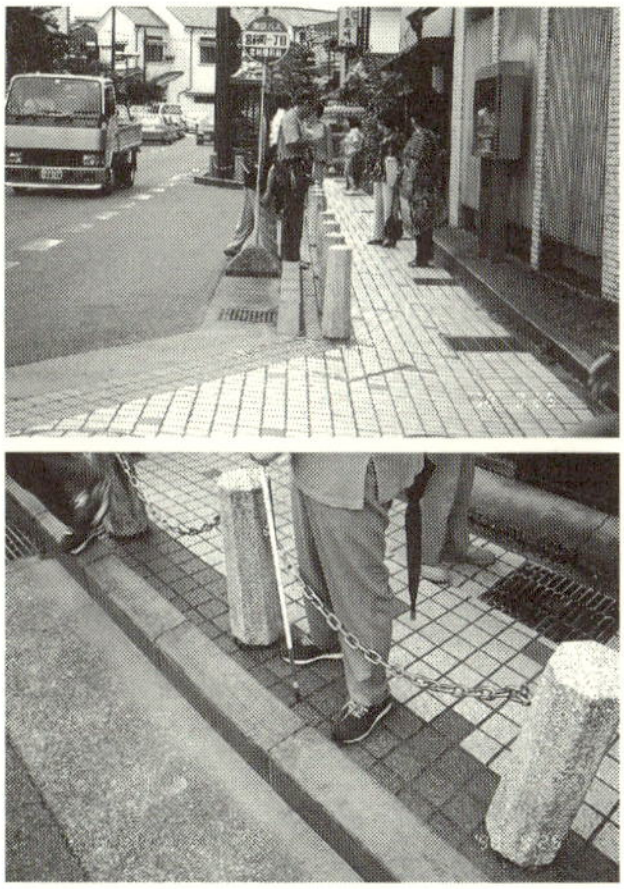

写真2.33　バスベイの狭い歩道のボラード（岐阜県）

ラードの間を抜けようとすると、足をとられて転倒する。これほど危ないものはない。

それにしても、このボラードは何のためのものか、全く見当がつかない。普通に考えれば、クルマの乗り上げ駐車防止のためであろうが、駐車はバスベイで行われるか、歩道の広い所で行われるであろうから、役に立つとは思えない。ただ設置してみたというにすぎないようであり、そこには「ボラードを設置することは歩行者にとってよいことだ」という、ばかげた思い込みがありそうである。第4章、第5章でも述べるが、歩行者に障害物となるものを、歩行者のためのものだとする不思議な考え方が存在しているので、そのように思う。

そもそも、このバスベイというもの自体が考えものである。クルマの「円滑な通行」にバスが邪魔になるので、歩道を割《さ》いてそこにバスを止めるようにしているわけであるが、歩行者からみれば、バス停は人の滞留があるので、歩道を広く確保してほしい所でありこそすれ、狭くしてよい所ではない。ここにも「歩行者の道義牲の定式」が使われている。よほど条件が整っていない限り、バスベイは設置すべきではない。

横断歩道をふさぐポール

写真2・34は横断歩道の出入口をふさぐように並ぶ車止めのポールである。横断歩道からクルマが歩道に乗り上げるのを防止するとともに、クルマが左折する時に歩道に乗り上げてしまうのを防止するのがねらいであるが、歩行者の観点はすっかり忘れられている。これだけポールが並んでいたら、通行止めの印だと思うのが普通の感覚であるが、普通の感覚が麻痺《まひ》するくらい、あちこちに設置されている。

いずれも、たびたび述べているように、とりわけ視覚障害者や高齢者には障害物である。

なかでも、bの場合はポールとポールの間隔が狭いので、車いすは通れそうにない。ベビーカーや手押し車の通行も難しいくらいである。

ｃの場合、手前の横断歩道の出入口と向こう側の出入口のポールの位置を意図的にずらしている。それでは視覚障害者が困るだろうと、点字ブロックの動線を曲げているが、恣意的に動線を曲げられてはスムーズに歩けない。視覚障害者は決して点字ブロックの動線を目で追いながら歩くわけではない。これも「親切ごかし」の点字ブロックの設置例である。こうしたポールが困るのは視覚障害者だけではないことも忘れられている。

いずれの場合も、すれ違いの際に、ほかの歩行者がポールのどちら側によけるのか見やりながら、ポールにぶつからないように注意して歩くことになる。混雑した駅の改札口でのわずらわしさと変わるものではない。

針山のような歩道

これがエスカレートすると写真2・35のような歩道になる。交差点部のコーナー全体を取り囲むように１ｍぐらいの間隔でポールが設置されている。沿道に駐車場のある所では、車乗り入れ部の前後に、歩道の幅員いっぱいにポールが設置されている。数ｍごとにそうした状態である。

「オジャマン棒」のオンパレードであり、歩行者はまるで針山のなかを歩くようなものである。これが果た

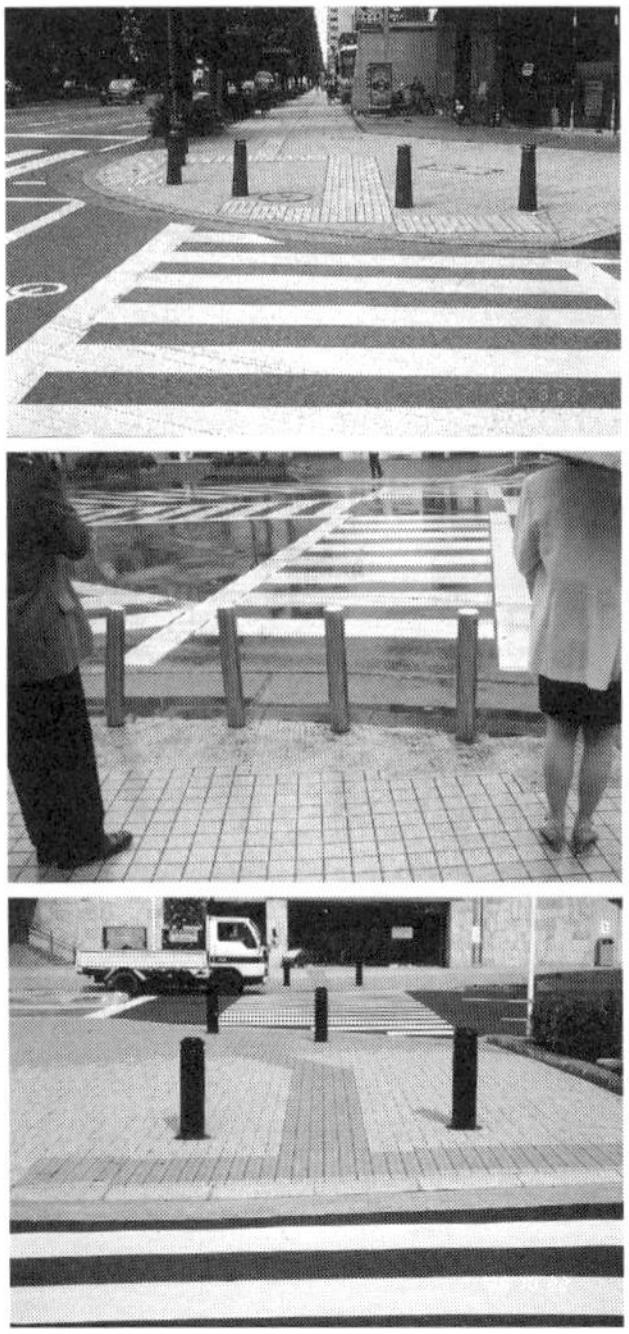

写真2.34　横断歩道をふさぐポールの列（上からａ横浜市、ｂ埼玉県、ｃ岐阜県）

して歩行者が歩くべき歩道なのかどうか、疑心暗鬼《ぎしんあんき》にならない方がおかしい。

不都合な事態を予測して、物理的、固定的なものを付け加えていけば、その本来の機能が阻害《そがい》される。つまり、歩道は歩道ではなくなり、見苦しくなる。

乗り上げ駐車は悪いものに違いないが、いつもそこに林立するポールとどちらが不都合かと聞けば、歩行者はどう答えるであろう。高齢者も視覚障害者も、止まっている大きな物体をよけるよりも、小さな障害物をたくさんよける方が困難の総量は大きい。いったい、道路管理者には歩行者というものが視野に入っているのだろうかと思わざるを得ない。

舗装材の真新しさからすると、この歩道はごく最近整備されたようである。私には、新しい歩道、お金をかけた歩道ほど何か狂っているという危機感がある。問題はクルマの違法行為であるが、その防止のために「歩行者の道」が侵害されるというのは本末転倒である。バリアフリーを国是としながら、バリアだらけの道を新たにお金をかけてつくり続けている。

これは沖縄県の事例であるが、地方へいくほど無批判に極端な形のものが導入されているように思われる。

写真2.35　針山のようにポールが林立する歩道（沖縄県）

とはいえ、地方の道路行政だけが問題ではないような気がする。道路行政はマニュアル行政であり、また、カタログ行政である。このポールの例によらず、「先進的だ」などと何かの雑誌などに紹介されると、瞬《また》く間《たた》に全国に普及する。大手の土木コンサルタントなどに勧められると、そんなものかと思ってしまう。その場合、ものを付け加えていく方向にばかり偏《かたよ》るのが日本の公共事業の性格である。

「建築限界」というもの

『道路構造令』第12条に車道に関する「建築限界」、歩道及び自転車道等に関する「建築限界」というものが定められている。そして、『道路構造令の解説と運用』[17]には、「建築限界とは道路上での車両や歩行者の交通の安全を確保するために、ある一定の幅、ある一定の高さの範囲内には障害となるような物を置いてはいけないという空間確保の限界」とある。救われる思いがする。

ここでいう「歩道及び自転車道等」とは歩道、自転車歩行者道、自転車道であるが、ここで注目するのは歩行者が通行する歩道および自転車歩行者道である。この「建築限界」に関する「一定の幅」とは『道路構造令』に別途に規定されている本来の歩道、自転車歩行者道の幅員であり、「一定の高さ」とは2・5mである。

この本来の幅員を守るために、路上施設を設ける場合はそれに必要な幅を加えて歩道部の幅員とするわけであり、加える幅は、標識、信号機などと同様、車止めのポールの場合は0・5mである。つまり、「路上施設帯を設け、そこに収め、歩道は守りなさい」というのが「建築限界」の主旨であり、図2・8のとおりである。

本来の幅員は「有効幅員」と呼ばれるが、その規定はどのようになっているのか。『道路構造令』の改正によって少しずつ変化しており、詳しくは第4章で改めて述べるが、1970年の改正時点では歩道「1・5m以上」、自転車歩行者道「2m以上」であり、93年の改正によってそれぞれ「2m以上」、「3m以上」となった。

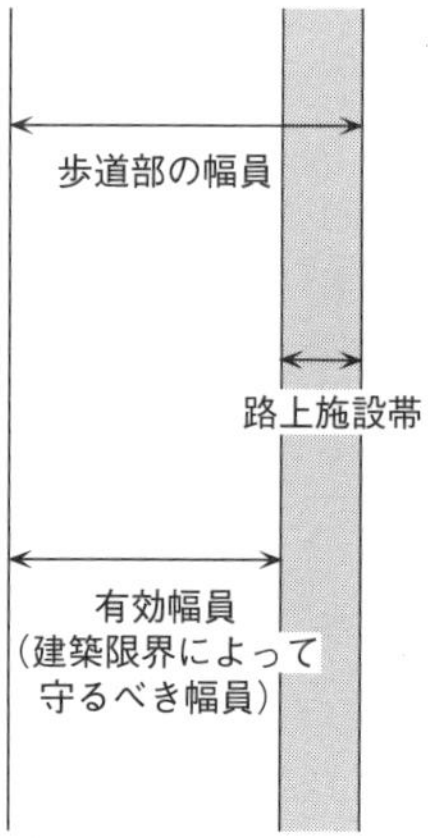

図 2.8　歩道の有効幅員と路上施設帯との関係

幹線道路についてはこれよりやや広い幅員が規定されているが、ここでは議論の単純化のために省略する。

これが最低限守られなければ幅員であり、『道路構造令』では「歩行者の交通の状況を考慮して定めるものとする」とし、必要に応じてより広い幅員を確保することを求めている。

なお、「自転車歩行者道」という言葉は一般市民にはなじみが薄く、歩行者よりも自転車が優先されているようで違和感があるが、自転車の通行が許される歩道を『道路構造令』ではこのように呼んでおり、単なる「歩道」の場合は、『道路交通法』によって自転車は車道を通行することとなる。本書では必要に応じて用語を使い分けるが、簡略化のため、歩道、自転車歩行者道を含めて、単に「歩道」と呼び、有効増員と断らない限り、歩道部を「歩道」と表現している。

17　社団法人日本道路協会：『道路構造令の解説と運用』。

「建築限界」違反のポール

この「建築限界」の知識を持って振り返ってみるなら、これまでにみた事例のほとんどは「建築限界」違反であることがわかる。

写真2・29～2・33のように狭い歩道の歩車道境界にポール、ボラードを設置している例は、明らかに「建築

限界」違反である。かろうじて93年改正前の有効幅員の最低値「1・5m」を満たしていたが、ポールを設置した結果、「建築限界」違反となったわけである。そもそも路上施設のための幅員を見込んでいないので、路上施設は設置できないはずの歩道である。

また、写真2・34、2・35のように横断歩道の出入口に設置されている場合も、「建築限界」違反である。これらは自転車歩行者道であるから、93年以降の基準に照らせば「3m以上」確保しなければならないが、「1・5m以上」の最低基準さえ満たしていない。

では、写真2・27のように歩道の真ん中にポールが設置されている場合はどうか。路上施設のどちら側も歩行可能なので、両側を足して有効幅員とみなせばよい、というものではない。歩道は路上施設から建物側というのが常識であり、実際には歩道の半分だけが有効幅員となる。いずれも自転車歩行者道であり、設置の時期は93年以降であると思われるが、「3m以上」確保されていないので、「建築限界」違反ということになる。

以上は、にわか勉強の私の見解であるが、信じられないくらいのことなので、建設省[18]本省の担当者に確認しようとしたが、「『道路構造令』には○○と書かれているので、そんなはずはない。調べておきます」というだけで、明快な回答はその後も得られなかった。車道の「建築限界」はともあれ、歩道の「建築限界」については、これまで考える機会などなかったのではないか。

ごくまれに「建築限界」を意識している道路関係者に出会うことがあるが、「建築限界違反にならないように2m開けてある」という。つまり、歩道の有効幅員の最低基準さえクリアーすればよいという発想である。5mなり数mの有効幅員を持つ広い歩道を整備しながら、2mや3mの価値に落とすというのは、やはり、市民感覚とはずれる。

『道路構造令』はおろか、「建築限界」などという言葉も一般市民には全く縁遠い。そんななかで行われていることである。「民」は『道路交通法』を守らず、「官」は『道路構造令』を守らない国で、歩行者は右往左往している。

18 現在の国土交通省。2001年の省庁再編以前の事柄については、本書では旧称を用いる。

ダブルスタンダードからの脱却

歩道はそれ自体、クルマから守られた歩行空間のはずである。少なくとも『道路交通法』上はそのはずである。ところが、日本の行政はダブルスタンダードで、法律があるからそれが守られるという前提に立っているが、実際には守られていない。将来にわたって守られないだろうことを前提に、ポールを設置する。矛盾という以外に、なんとも表現のしようがない。

道路管理者は「オジャマン棒など、本当は打ちたくない」とぼやく。進んで設置しているわけではないということは、警察署の要請ということだろうか。一方、警察署の関係者は「駐車違反の取り締まりの実績は年間何万台であり、これ以上、手に負えない」という。しかし、この取り締まりは「クルマの道」における交通渋滞対策が目的であり、歩行者の観点など、なかったのではないか。

法の実効性を高める以外に方法は考えられない。違法駐車が常習的に行われている場所は、かなり特定できる。ガソリンスタンドにしろ、ビルや駐車場にしろ、従業員や守衛など、ほとんどの場合、その事業所の関係者がいるし、責任者もはっきりしている。場所が特定されるからこそ、特定の場所にポールを設置するわけであるが、歩行者にとって障害物となるものを設置する前に、そのような事業所を指導することが先決ではないか。道路管理者と警察署の連携、協調を望みたい。

ひとまず、そのような指導を行い、キャンペーンしていくことから始めるのが現実的である。そのうえで、取り締まりを徹底し、悪質なものについては、相当額の違反金を課すという方法をとるしかない。「違反金を10倍にすれば、効果は絶大だ」という道路関係者もいる。5年か10年でかなり効果が上がるだろう。さらに、クルマを適切に使用する能力のない悪質な者については、免許を取り消す措置も必要であろう。

悪質な交通事故の芽は、そもそも、このような日常的な違法駐車の横暴さ、傲慢《ごうまん》さのなかにあるのではないか。小さな犯罪を放置すると抑止力がきかなくなることを「割れ窓理論」というらしいが、違法駐車こそ最初の割れ窓である。

小さいと思われがちな違法駐車という名の犯罪をことごとくつぶし、厳しさをたたき込んでいただきたい。法は怖くないし、警察も怖くないという状態は、社会の箍《たが》が外れた状態であり、法治国家の体をなしていない。ルールやマナーは何よりも堅固な社会資本である。この修復こそ喫緊《きっきん》の社会的課題である。

取り締まり強化のためには、人海戦術によるパトロールが必要であろう。『道路交通法』で「交通巡視員」という職種を知ったが、このようなマンパワーを増員し、活用すべきではないか。これはりっぱな雇用対策になるだろうし、長期的にみた費用対効果は大きい。違反金の収益で、当分の間、このパトロール体制は維持できるように思われる。

市民相談窓口の必要性

図2・9は駐停車違反の取り締まり件数を表したものであるが、93年以降、減少傾向に転じている。決して、実態として駐停車違反が減少しているわけではなく、放置する傾向が強まっていると解釈できる。ちなみに、近くの警察署が最近建て替えられ、立派なものになったが、正面玄関前広場の一段高い歩行者用通路に、いつも数珠つなぎでクルマが乗り上げられている。パトカーが乗り上げていることもある。ことほどさように

管理能力は低い。

世論を高めるためにも、警察署が自らを省みるためにも、市民の協力を得ることが重要ではないか。国土交通省は道路に関する通報、苦情、相談、質問などを受けつける「道の相談室」（以前は「道路１１０番」）というものを設けているが、同じような考え方で、交通問題を受けつける窓口を設けるのがよいと思う。市民が気楽にその窓口へ相談に行って情報提供すれば、パトロールの効率化にもつながるだろう。

実は、警察署はいったいどのような対応をするのかという興味もあり、責任者が特定しやすい常習的な問題箇所を地図にプロットし、最寄りの警察署へ出かけたことがある。実態はこんなに深刻であると本書でどんなに訴えたところで、どうなるものでもなさそうであり、ある日、決心して、出かけたわけである。

ところが、交通対策課には違反金や車庫証明の窓口があるばかりで、誰に声をかけてよいのかわからない。

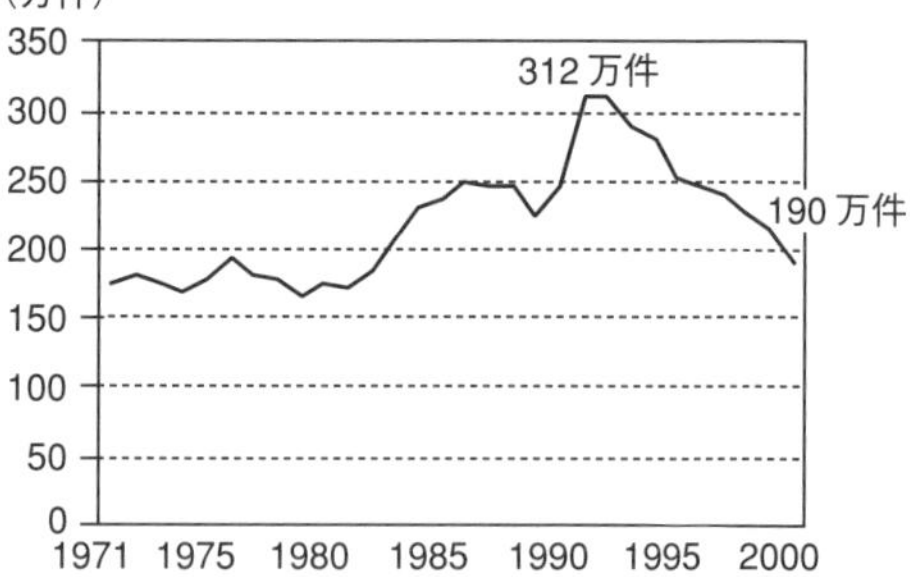

図 2.9　駐停車違反取締件数の推移

やっと話を聞いてもらえる形になったが、私には当事者としての切実さがないためか、ごまんとある違法駐車のうちの数例を問題にしてもしょうがないということか、どうも、スムーズに話が伝わらない。冷ややかな対応だったわけでもないが、「あなたのようにいろんな人が訴えてくる。なかには自分のクルマを駐車しようとしている所に、他人のクルマが駐車しているのでよけてくれという人もいる」などと嘆かれ、「現場の方に伝えておきます。しかし、一度や二度指導しても、なかなか効果が上がらないので困っています。長い目でみてくださいい」などといわれると、妙に同情したくもなるが、「さて、何か動いてくれるのか」と疑わしくなる。そして、その後も実態として変化はみられない。

「長い目」というが、さんざん長い目でみてきた結果が現在の実態である。「違法」なことに対して、緊張感を持って「違法」と認識することが、警察署さえもできなくなってしまっているようであり、違法駐車などを問題にするのはエキセントリックな市民だと思われかねない雰囲気もある。

まず、形から入ることは日本において効果的である。市民相談窓口を設置するということは、問題に対応する姿勢を内外に表明することである。担当者の判断ではなく、組織として動かざるを得なくなるのではないかと期待する。

駐停車帯の設置

私はクルマを運転しないので、クルマの側からみた駐車問題には全く疎《うと》い。実際、街にどの程度駐車場が整備されており、どの程度不足しているかなど見当がつかないが、駐車場整備に関する法律があり、近年はビル跡地が駐車場になるなど、案外、駐車場の数は多いのではないかと思われる。また、ＴＤＭ[19]の考え方からすると、都心へのクルマ乗り入れ抑制のために、駐車場を増やさない方がよいかもしれない。

問題は日常の購買活動や配送などの際の短時間の駐停車であろう。これらがやむを得ないものだとすれば、一方的に取り締まるだけではなく、ハード面の対応が必要である。

ヨーロッパやアメリカの街では、車道脇の駐車帯にクルマが数珠つなぎに駐車している様子をよく見かける。そのためか、欧米において歩道に乗り上げたクルマなど、見かけたことがない。日本でも写真2・36のようなパーキングメーターのついた駐車帯や、白線で囲っただけの停車帯を見かけるが、このようなものを増やしていく必要があるのではないか。

ちなみに、写真2・37はポートランド市におけるパーキングメーター付き駐車帯であり、オートバイ用のスペースもある。一見、広い歩道をえぐって駐車帯を設けているようにみえるが、交差点部の歩道を迫り出して、横断歩道の距離を短くするという考え方であり、その方が歩行者にとって安全であることはいうまでもない。カリフォルニア州でもこのような形の道路が多いと聞いている。道路構造を変更するくらい計画的に駐車帯を設置しているということを表している。

ただし、本題からややそれるが、パーキングメーターが随分歩道に入り込んだ所に設けられているのはいた

写真2.36 パーキングメーター付き駐車帯と停車帯（名古屋市）

写真2.37 駐車帯と交差点部（ポートランド）

だけない。そのほかの設置物も恣意的であり、アメリカには路上施設帯といった概念がないのではないかと思われる。

19 TDM(Traffic Demand Manegement):交通需要マネジメント。道路渋滞や自動車排ガス問題などへの対応のため、自動車の効率的な利用や公共交通機関の利用を促進するなどの交通施策。

第3章　「歩行者の道」を乱す駐輪、看板

クルマと同様、自転車も「歩行者の道」を乱すものであり、大きなバリアとなっている。

自転車の問題は走行時の問題と駐輪時の問題の2つの側面があるが、駐輪が歩道の幅員を狭め、その結果として走行時の自転車が歩行者に脅威を与えるというのが基本的な構図といえよう。自転車道整備といった課題もあるが、ここではひとまず駐輪問題から出発して、今ある歩道の有効幅員をできるだけ広く確保し、歩行者と自転車の共存を図る現実的な手だてを考えてみたい。

同じように、歩道上の看板やはみ出し商品が、歩道の有効幅員を狭め、歩行者の通行を阻害していることについても考えてみたい。

1　駐　輪

見苦しい駐輪

最もやっかいな駐輪は、さみだれ式に無秩序に置かれたものである。これほど見苦しいものはない。

写真３・１は名古屋市内の地下鉄Ｉ駅周辺の様子であるが、地下鉄の出入口といわず、バス停といわず、自転車の散乱、氾濫はすさまじい。とりわけ目立つのは、パチンコ店、スーパー、コンビニ、薬局、銀行の近くである。商店街においては、歩道全体が駐輪場と化している。

写真３・２は何がなんだかわからない状態であるが、それぞれスーパー、薬局の前の歩道である。歩道に出された商品が歩道を狭め、駐輪の自転車がさらに歩道を狭めている。そのうえ、その商品を見るお客さんが立っていたりするので、歩道はごった返している。ここに自転車などが通りかかれば、すれ違うのがやっとである。

写真3.1　さみだれ式に置かれた自転車（名古屋市）

高齢者と自転車

写真３・３は同じ地区の歩道である。自転車を利用した買い物客が多く、歩いている人のなかには高齢者が目立っている。近隣からバスなどでやってくる高齢者であろう。

そうした高齢者が、駐輪で狭くなった歩道で、自転車の挟み撃ちにあっている。ヒヤリとすることもあるだろう。しかし、そんなことを怖がっているようでは外出できなくなるので、無表情に歩いている。

どの商店街も「楽しく活気ある商店街づくり」を掲げ、国土交通省は「歩きたくなる歩道づくり」をいうが、楽しそうに歩いている高齢者を私はほとんど見かけない。買い物を済ませてバス停のベンチに座り、ヤレヤレといった感じで隣に座っている高齢者とおしゃべりしている時ぐらいではないか。

そんなことを思っていたら、「自転車での通行は十分注意して下さい」と書かれた土木事務所の立て看板が目に止まった。写真３・４のようなものである。これを「自転車の通行に(歩行者は)十分注意して下さい」と読んでしまい、「高齢者にはもう限界みたいよ」と思ったが、これはいったい誰に対して呼びかけているのだろう。自転車に対して注意を促すのならば「自転車は十分徐行してください」などと明瞭に書くべきだろうが、

写真3.2　商店の前のはみ出し商品と自転車（名古屋市）

写真3.3　自転車とすれ違う高齢者（名古屋市）

自転車に乗った人には、残念ながら、このような看板は目に入らない。いかにも日本的な形式的な看板である。

写真3・5の高齢者は前章でも紹介したSさんである。現場は駅近くの歩道であり、歩道の脇に自転車がびっしり置かれ、歩行者に残された幅員は2m程度である。その狭い所を自転車も走っている。

写真3.4 「自転車での通行は十分注意して下さい」という看板（名古屋市）

写真3.5 高齢者の脅威となっている自転車（名古屋市）

Sさんは歩道で転んだ経験があるので、いつも「足下に注意して歩く」という。足下を見て歩くと周囲の状態が目に入らない。自転車が走って来てもよくわからないので、いきなり近くですれ違って、びっくりすることもあるだろう。おまけに、駐輪の自転車はきちんと並べられているわけではなく、ちょとした隙間に形だけ押し込み、お尻が出っ張ったままのものもある。びっくりした拍子にそのような自転車にぶつからないとも限らない。

高齢者の心

高齢者はいったいどんな気持ちで道を歩いているのだろうかと思うことがある。

いつか、直角に近いほど腰の曲がった女性が、手押し車を押しながら歩くのを見かけたことがある。その姿勢では顔は下に向いてしまう。時々立ち止まり、周りの様子を見上げて、また黙々と歩いていた。

スーパーでは「やっとやっとですよ」という高齢の女性の声がする。声を交わし合うその相手も、同じような高齢者である。聞けば、転倒した時の後遺症があるといい、日々の買い物も大仕事だという。

脳血管障害で片マヒになった人は、「誰かに声をかけられても、振り向けない」という。ダンスのステップのように足の運びを考え、体を回転させてからしか横や後ろを見ることができない。さらには「子どもが近寄ってくるのが怖い」ともいう。身をかわすことができないからである。「われわれは四六時中注意して行動しなければならない。それが心の負担になる」という。

歩けないわけではない高齢者は往々にして軽視されがちであり、車いすに乗っている人や視覚障害者など、障害が明らかに顕在化した人の方に目が行ってしまう。ところが、歩けないわけではない人は、終始、自分の力で歩かなければならない。助けがない。能力の限りを尽くしているのだろうが、人の目には「歩いている」としか写らない。そして、高齢者は「年だから」というだけで、多くを語らない。「声なき障害者」であり、見た目には「曖昧《あいまい》な障害者」である。

幸か不幸か、私もぎっくり腰になったことがある。歩けないわけではないが、一歩一歩の足の運びが慎重になる。その緊張感のためか、何かしらお腹が痛み、頭は靄《もや》がかかったようにぼんやりしている。家のなかではどこに何があるかわかっているし、注意しているつもりでも、テーブルやドアの枠に腰をぶつけてしまう。注意の視野が狭くなるようである。

外に出れば、さらにペースが狂う。クルマや自転車の動きをよく見ているつもりでも、見えていないようであり、音が聞こえているようで、聞こえていないようである。そのへんが自分でもよくわからないまま、ただゆっくり足を運ぶしかない。クルマや自転車が駐車している所では、ちょっとした方向転換や遠回りがおっくうで仕方がない。ちょっとした段差を見ても、越え方を忘れてしまったように思案し、階段に至っては、ただ諦めて覚悟するだけである。私も無表情に歩いていたことだろう。

高齢者の日常というのは、このようなことの連続なのではないだろうか。私が転んだところですりむく程度であろうが、高齢者は全身の筋肉の低下、バランス能力の低下、聴力、視力の低下があり、外部に対して反応する能力も衰えている。転倒すれば、骨折、後遺症、最悪の場合は「寝たきり」といった大問題に結びつく。高齢者は肢体不自由者、視覚障害者、聴覚障害者などの特徴を少しずつ併せ持つ「複合的障害者」であり、「障害者予備群」ともいえる。

そのような身体的条件をかかえる一方、道路にはたくさんの障害物があり、クルマや自転車という走る障害物がやってくる。道路環境は「複合的危険環境」である。他人の痛みはよくわからないとしても、最大限の想像力を持って、道路環境の一つひとつに目を向けていくことが求められている。自転車の問題はその一つとしてここで注目している。

以下は新聞の読者欄の投稿[1]である。「最近、家内が歩道を歩いていて後ろから来た自転車に引っかけられる出来事が2度も続いた。幸い転倒はしなかったが、一度はハンドルの先端が腕にふれ、かすりきずを負った。(中略)私も時々、自転車に脅かされる」。「幸い転倒はしなかったが」とあるのは、転倒ほど怖いものはないからであり、危機感がうかがえる。

1 朝日新聞、1999・7・8、70歳男性。

ベビーカーと自転車

子育て中の親にとっても自転車と駐輪はストレスの元である。

写真３・６の母親は、「自転車とすれ違う時が怖い」いう。ベビーカーは前面が無防備であるから、前から走ってくる自転車が、万一よそ見でもしていたら、子どもには一大事となる。それ以上に怖いのは「後ろから音もなく走ってくる自転車」だという。先にも述べたように子どもはたいていベビーカーから手を出している。後ろから走ってくる自転車が近くをすり抜けて行く時、子どもの手を引っかけないとも限らない。

この日は私がお願いしてこのあたりを歩いてもらったのであるが、「子どもを連れてこんな商店街は歩きたくない」という。自転車が多く、駐輪も多い所では歩道が狭くなっているので、リスクが大きい。高齢者が恐れる街は子育てしにくい街でもある。

車いすと自転車

駐輪問題は車いすの人にとっても深刻である。ごく一般の狭い歩道では、自転車が無造作に一台置かれているだけで、車いすでは通行できなくなる。狭い歩道では車いすの回転ができないので、引き返すこともできない。ところが、そこそこの広さの歩道をも自転車は狭めてしまう。

写真3.6　自転車が怖いというベビーカーを使う母親（名古屋市）

写真3・7は地下鉄駅のある交差点であり、歩道橋の脇にびっしりと自転車が置かれ、地下鉄の出入口との幅は狭い。さらに地下鉄の出入口の向こうに植栽があり、そこに自転車が一台置かれている。電動モーター付き車いすに乗るIさんがその脇を通過しようとした時、向こうから自転車がやって来て、接触しそうになった。

この地下鉄の出入口の位置は交差点のコーナーの真ん中あたりにあり、歩行者動線が建物側と歩道橋側に別れ、見通しが悪いので前から気になっていた。歩道橋側のルートは南北の横断歩道の延長線上にあるので、歩行者、自転車の多くはそのルートを通行する。歩道橋のエレベーターを利用するためにIさんもそのルートを通行したわけであるが、駐輪のために狭くなっている。車いすはベビーカーと同様、前面が無防備であり、どのような事故に結びつくかわからない。

ちなみに、Iさんは脳梗塞の後遺症で片手、片足のマヒが残ったばかりでなく、片方の視野も欠損した。そのため、脇に置かれた「自転車などにぶつかりやすい」という。

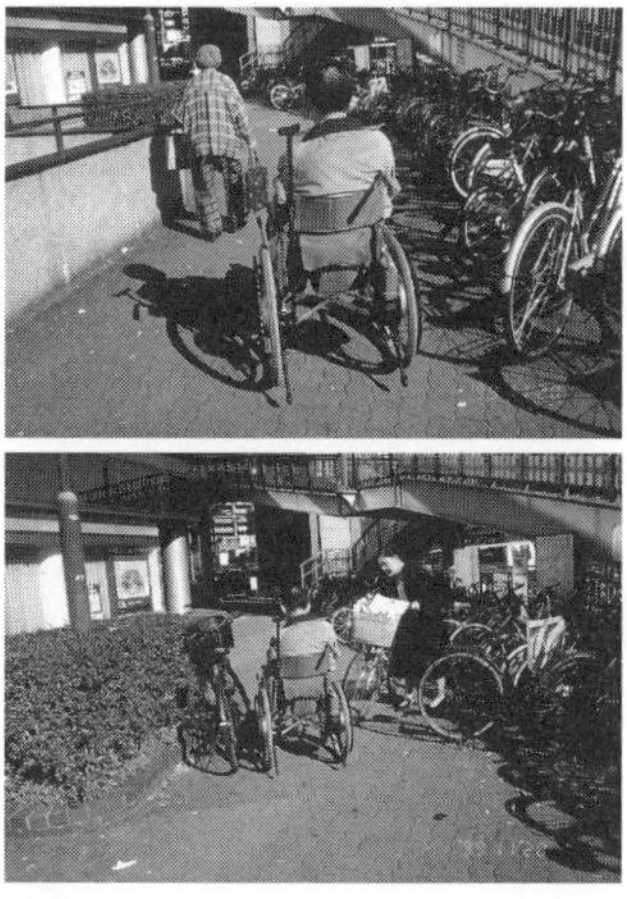

写真3.7　狭い所で自転車と接触しそうになった車いすの高齢者（名古屋市）

視覚障害者と自転車

緑内障などで視野が狭くなった人も、脇にあるものは視野に入りにくく、ぶつかりやすい。その代表的な例として、よく道路脇の駐輪自転車があげられる。

それでは、全く目が見えない視覚障害者の場合はどうか。

写真3・8は駅近くの商店街の歩道であり、ご多分にもれず自転車が乱雑に置かれている。白杖を左右に振りながら駐輪の自転車を発見し、これをよけて歩くわけであるが、この全盲の男性Sさんは「自転車があると能率的に歩けない」、おまけに「自転車をよけた時に、方向が狂ってしまうことがある」という。幅員の問題とは別のやっかいな問題である。

さらに、駐輪自転車の車輪の中に白杖が挟まったり、駐輪自転車をよけた拍子に走ってくる自転車と接触して、白杖が曲がったり、折れたりすることもあるという。白杖は視覚障害者の目であり、足である。これが曲がってしまうと思うように歩けなくなり、折れてしまうと立ち往生してしまう。もちろん、「スピードを出して脇を通過する自転車が怖い」という点は、高齢者などと同じである。

写真3.8　自転車があると能率的に歩けないという視覚障害者（東京23区）

写真3.9　整然とした駐輪場のそばを歩く視覚障害者（愛知県）

写真3.10　視覚障害者の「手引き」（愛知県）

視覚障害者のメンタルマップ

これに対して、写真3・9のように自転車が比較的きちんと並んだ駐輪場の場合、視覚障害者がそのそばを歩くのを見ても、危なげなさを感じない。自転車がお尻を揃えてびっしり並んでいると、ある種の塀のようになり、自転車の後輪などに白杖がふれれば、少し軌道修正すればよいことになる。

視覚障害者はメンタルマップ[2]を描きながら歩くのが基本である。この場所は全盲の女性Yさんの最寄りのバス停のそばであり、彼女のメンタルマップには、もちろん、この駐輪場もインプットされている。したがって、そこでの注意の仕方や、それ自体を手がかりとすることも心得ている。

ところが、先の例のように自転車が乱雑に置かれ、その状態が毎日変わるようであれば、歩き慣れた道でも、視覚障害者のメンタルマップは崩される。あるいは、乱雑に置かれた自転車があるかもしれないというメンタルマップを持つことになるが、その具体的な状態は予測できないので、注意の連続となる。もちろん、どのような場合も注意しながら歩いているわけであるが、駐輪が加わることで、「負担の総量」が増す。駐輪自転車は、駐車のクルマと並んで視覚障害者が日常的に感じている最も大きなストレスである。

なお、重度の視覚障害者のなかには、ガイドヘルパーや家族などの援助を受けて外出する人が多く、単独歩行する視覚障害者も、必要に応じて周りの人の援助を受ける。写真3・10はYさんが駅前広場で「手引《てび》き」[3]をしてもらっている様子であるが、やや前後にずれて並んで歩くのが基本である。私もこのような「手引き」をする機会が多いが、駐輪の自転車などで狭くなっている所では、そのたびに一声かけて一列にならなければならない。会話は途切れるし、面倒である。さらに、一列になると双方の足がぶつかりそうになるので、前後にやや離れて歩かなければならない。そうすると曲がる時に誘導しにくい。

2　メンタルマップ：頭の中の地図。歩行ルートとともに、歩行の手がかりとなるものや、注意すべき箇所などの多様な情報が入っており、それを現場で確認しながら歩く。視覚障害者の単独歩行において最も重要なものとされる。

3　手引き：視覚障害者の誘導・案内の方法をこのようにいう。誘導者の肘を軽く握り、その動きに合わせて歩くのが基本であり、狭い所では誘導者は肘を後ろに回して一列になる。肩につかまる場合もほぼ同様である。

T駅周辺の歩道

高齢者や障害者の観点を持って駐輪問題を考えると、街の現状に暗澹《あんたん》たる気分になる。写真3・11は私の自宅近くの地下鉄・JRのT駅周辺であり、どこにでもありそうな光景である。

aはJR駅前の道路である。駅を出た所の歩道に雪柳の植栽があり、春は見事であるが、その影に隠すかのように自転車がびっしり置かれている。放置自転車確認のためのラベルがつけられているものが多い。

この駅前の交差点は3本の幹線道路による六さ路の交差点であり、東西に横断歩道橋が設置されている。その歩道橋には8つの階段があるが、階段裏はどこもbのように自転車が置かれている。

さらに、地下鉄の階段を上がった所にアーケード付きの商店街があるが、その歩道にもc～eのように自転車が置かれている。自転車の数は時を追って増えているようであり、最近は自転車が2列になり、その列も遠くまで伸びるようになった。

邪魔にならないようにしようという自転車利用者のせめてもの心使いであろうか、植栽帯の中に置かれている自転車も多い。一方、植栽帯のない所には丸いコンクリートのフラワーコンテナが置かれており、これがけっこう場所をとっている。修景のためというより、自転車を排除するためにわざわざ置かれたのではないかと思われるが、結局、自転車はさらに内側に置かれるので、歩道の有効幅員を狭めるだけである。

写真3.11 T駅周辺の自転車（上からａ～ｅ名古屋市）

T駅周辺の駐輪場の朝と日中

この駅周辺にも駐輪場がある。どこもかしこも自転車だらけなので、どこが正式の駐輪場なのかわからないくらいであるが、少なくとも3箇所、比較的大きなものがある。写真3・12はそのうちの一つの駐輪場であり、午前6時３０分と午後2時の状態である。4月の平日(水)であり、前後は晴天が続いていた。

ＪＲのＴ駅は名古屋駅から2つめの駅であり、名古屋市の中心部にごく近い。したがって、午前6時３０分は通勤時間帯ではないが、写真にみられるように駐輪場の7割程度はすでに自転車で埋まっている。そして、午後2時の段階では満杯である。早朝出勤の人の自転車や、駅を降りてから勤務先へ行くのに使う自転車などを差し引いても、5割以上は日常的に使われていない自転車、つまり、放置自転車ではないだろうか。

ちょうど前日、この駐輪場の放置自転車の整理があったらしく、写真3・13のような「注意」のラベルがつけられたものや、その一週間前の「おねがい」のラベルがつけられた自転車も多い。これはそれ以前から放置されていた自転車を撤去したうえでの状態のようである。

放置自転車と盗難自転車

駐輪場が放置自転車置き場となれば、そこからはみ出して周辺に置かれる自転車が多くなるのも道理である。放置自転車をすばやく撤去して駐輪場の有効活用を図らなければならないが、これは追いつかない作業のようである。

担当者によれば、名古屋市内で撤去の対象となった自転車は、98年には4万台であり、そうした自転車は一定期間、写真3・14のような撤去自転車保管所に収容される。しかし、保管所が満杯で、撤去したくてもで

写真3.12　午前6:30と午後2:00の駐輪場の状態（名古屋市）

写真3.13　警告のラベルがつけられた自転車（名古屋市）

きない事態になっている地域もあるという。

このような撤去自転車を持ち主が引き取りにくるケースは多くはなく、年間2、3万台は廃棄するか、リサイクル業者に引き取ってもらうということである。名古屋市の人口は約200万人であるから、少なくみても人口100人当たり1台、つまり、1%にあたる。

引き取り手のない自転車のなかには古いので見捨てられたものもあるだろうが、大部分は盗難自転車といえるのではないのか。私もマンションの自転車置き場に置いていた自転車がなくなり、仕方なく新しいのを買ったところ、間もなくその自転車の鍵が壊された経験がある。たいていの人は1度や2度、盗難にあった経験があるのではないかと思うが、そうすれば、毎年、人口に対して1%が盗難にあっているという数値もうなずける。

頻発する盗難が放置問題に大きく結びついているとみてよい。自転車が低価格になったこともあって、盗難に対する罪悪感が弱まっているといわれ、一方の所有者も諦めが早い。

私のあの自転車もおそらく放置自転車となり、どこかで手を煩《わずら》わせたことだろうと思うが、私は住所、氏名を書いていなかった。市のホームページを開いて放置自転車について見ると、「所有者は住所、氏名を明記す

写真3.14　撤去自転車保管所（名古屋市）

るように」と注意が書かれている。しかし、「プライバシーに関わること」という思いは拭《ぬぐ》えない。今の時代、果たして適切な方法なのだろうか。

大規模駐輪場

放置自転車の撤去は定期的に行われており、毎回大量の自転車がトラックに積まれていく。やれどもやれども改善の兆しはなく、作業を行う方々の徒労感は察するに余りある。しかし、放置自転車を撤去したとしても、既存の駐輪場に収容できるとはとても思えない。やはり、大規模駐輪場の整備が必要ということであろうか。

名古屋市は近年新設された7つの地下鉄駅に大規模な地下駐輪場を設置した。写真3・15はその一つである。ところが、98年度の利用率は全収容台数約6400台に対し、2割程度にとどまるという。その他の多くの駐輪場が無料であるのに対し、これは有料(1回100円、1か月定期2000円)であることや、地下へ持ち運ぶことのわずらわしさによるものであるらしい。今後は地上での整備を基本にするという。

一方、写真3・16は大阪市の駐輪場であり、地下鉄が走る幹線道路沿いの歩道に設置されているものである。

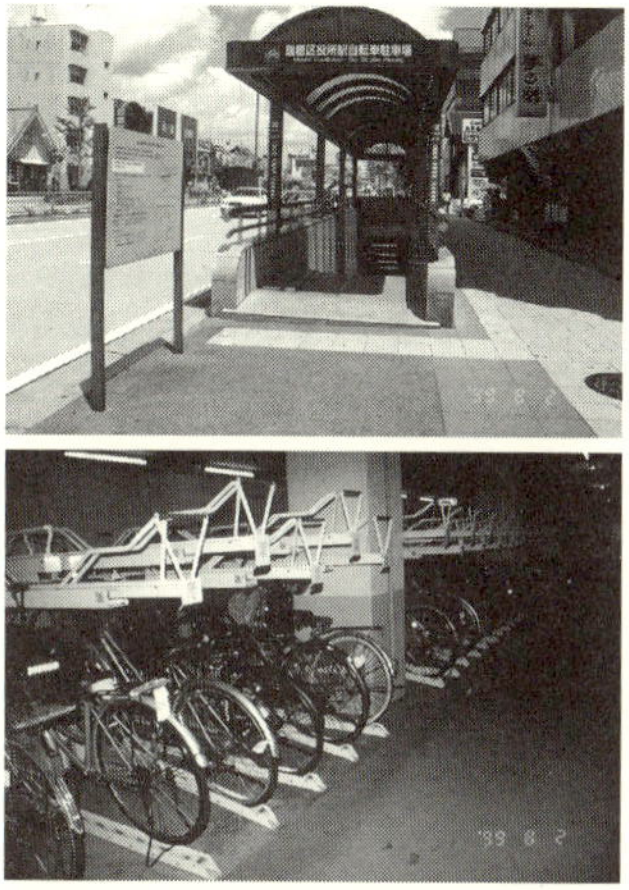

写真3.15　利用率の低い地下鉄駅の地下駐輪場（名古屋市）

写真3.16　地下鉄駅近くの歩道に設けられた駐輪場（大阪市）

駐輪場との境界は植栽帯で仕切られているので、駐輪場の自転車はあまり気にならない。歩行者はゆったりとした気分で歩くことができる。

地域によっては歩道沿いに自転車を1列に並べる形の駐輪場を設けているが、この場所は歩道が広かったので、その幅員を割《さ》いてボックス型の駐輪場を整備している。鉄道駅周辺については自転車等放置禁止区域の指定と有料化をセットにして駐輪場整備を進めた結果、自転車は4割近く減少したという。つまり、100台の自転車がゴチャゴチャと置かれていたとすれば、60台に減少したうえ、整理されたわけである。ちなみに、料金は整理手数料という名目であり、きれいに並べ変えたり、清掃を行う人材が配置されている。このような駐輪場であれば、盗難防止にもなるだろう。

もちろん写真3・17のように空き地を駐輪場として活用する方法もある。商店街振興組合などが共同して、空店舗を駐輪スペースに活用するといった取り組みにも期待したいところである。場合によっては、既存の駐車場を駐輪場に転換するという取り組みも必要ではないだろうか。

写真3.17 空き地を転用した駐輪場（名古屋市）

植栽か駐輪スペースか

写真3・18は山手線の駅近くの国道の歩道である。自転車が2列に並べられており、歩道全体の幅員は広いが、歩行者が通行できる有効幅員はその1／3、つまり3m程度しか残されていない。

自転車が比較的整然と並べられているのは、「自転車駐車対策推進協議会」といったボランティアの人たちの手によるのであろうが、この状態は日中だけであろう。朝の通勤時間帯は歩行者と自転車が錯綜し、夕方以降の帰宅時間は様々であるから、その混乱ぶりは容易に想像できる。

注目したいのは車道側の街路樹や植栽についてである。この点は第4章のテーマであるが、歩道には街路樹や植栽が付き物のように設置され、それが良好な景観を形成すると考えられてきた。しかし、これだけ自転車があれば、歩行者には背の高い街路樹はまだしも、植栽は見えないし、楽しむことはできない。この恩恵に浴するのは車道を走る車のドライバーだけであり、ドライバーには駐輪の自転車の格好の目隠しになっているという皮肉な見方もできる。

歩行者が望むのは、見苦しく散乱する自転車の整理であり、同時に、通路としての歩道幅員の確保である。

写真3.18 2列縦隊に置かれた自転車（東京23区）

これほどの自転車利用者があるという現実をふまえて、植栽のスペースを駐輪スペースに利用するわけにはいかないだろうか。

駐輪スペースの所要面積

ここで駐輪場整備に要するスペースについてみてみたい。図3・1は『道路構造令の解説と運用』に基づいて、主な3つの形態を表したものである。

90度低配列は路面に置く一般的なもので、自転車1台当たりのスペースは長さ1・9m、幅0・6mである。これに対して、30度斜め配列の場合は長さ1・65m、幅0・46mであり、駐輪スペースの奥行きを抑えたい場合に有効である。高低配列とは器具を使って前輪の高さを変え、ハンドルが重ならないようにしたものであり、有料の駐輪場などに多い方式である。この場合は長さ1・9m、幅0・4mであり、詰めて収容することができる。

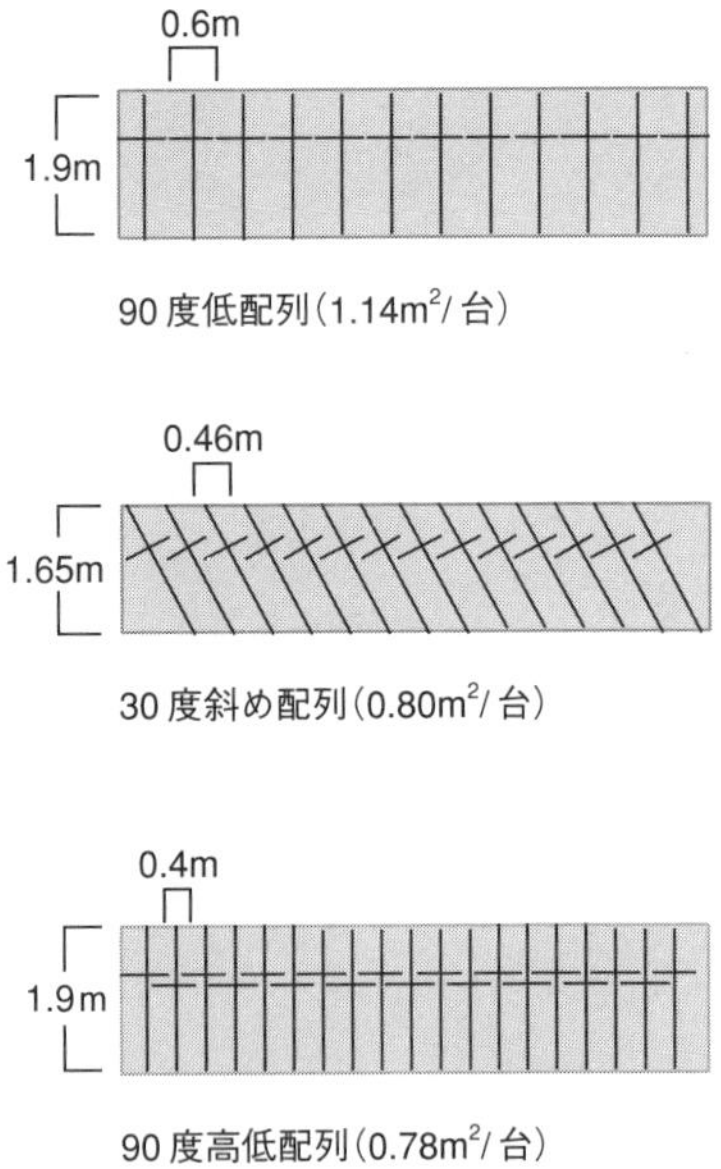

図3.1 駐輪区画の所要面積

用地の実情に応じてこのような形態を選択し、また、組み合わせていけばよいことになる。ちなみに、通路を挟んで2列配置する場合、自転車用通路の幅は1・5mとされる。

先の事例の場合、植栽と現状の自転車が占めるスペースを合わせると、6m近くの幅がありそうである。図3・2のAタイプのように、真ん中に通路を設けて90度低配列2列にした場合の幅は5・3mであるから、歩道側に植栽帯などで仕切を設けて修景しても6mに収まる。仮に、30度斜め配列にすれば、若干ではあるが歩道の有効幅員を現状よりも広く確保できる。この駐輪スペースの中に街路樹を設置すれば、景観は現状に勝

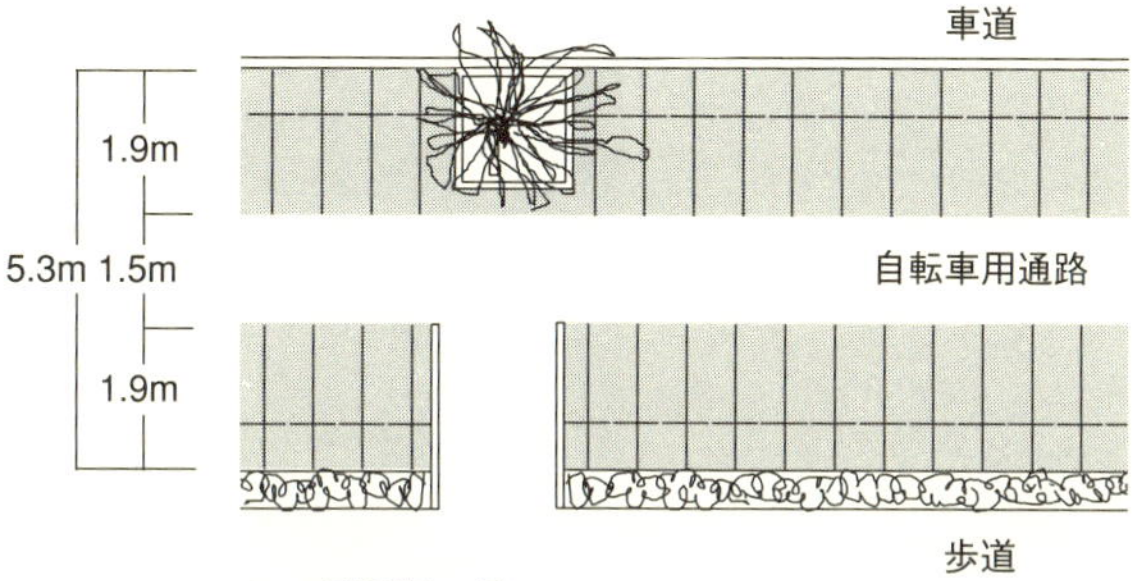

A　2列配置の例

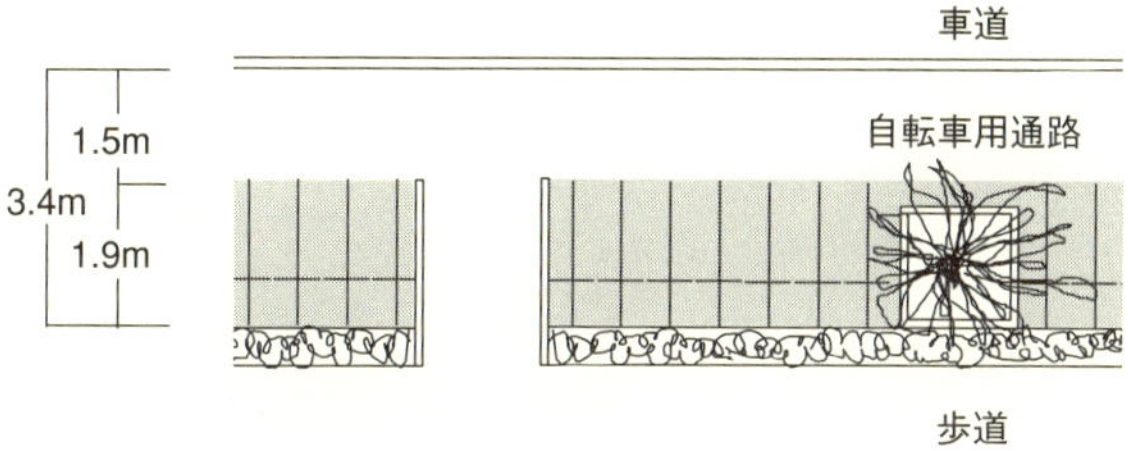

B　車道側に自転車用通路を設けた1列配置の例

C　1列配置の例

図3.2　歩道における駐輪スペースの設置例

るとも劣らない。

駅近くでは2列とし、遠くについては1列とするのもよいだろう。1列とする場合も、歩道から直接アプローチするCタイプのような形態はスペースをとらなくてよいが、車道側に通路を設けて、そこからアプローチするBタイプの方が歩行者には快適である。駐輪スペースに要する幅は、Cタイプは1・9mであり、Bタイプは3・4mである。

写真3.19　自転車のために見えなくなっている花壇（名古屋市）

写真3.20　自転車のために見えなくなっている水のストリートファニチャー（名古屋市）

景観行政よりも駐輪スペースの設置を

同じような光景は都市部の至る所で見受けられる。写真3・19は名古屋駅近くの歩道であるが、やはり車道側に花壇が設置されている。そこに黄色い花、白い花が満開であるが、びっしり置かれた駐輪の自転車の陰に隠れて、歩行者は花壇を眺めることができない。

写真3・20はその近くの歩道である。交差点のコーナーに自然石でできたりっぱな水のストリートファニチャーが設置されているが、自転車の陰になっていて、歩行者には何があるのかほとんどわからない。このよう

なストリートファニチャーは「楽しい歩道」を演出するねらいから近年のブームになっているが、その意図は生かされていない。

これまでの景観第一主義の街路整備を見直し、駐輪スペースの確保を視野に入れながら、バランスのある整備を進めることが必要ではないか。歩行者はお仕着せの「楽しい歩道」以前に、「安心して歩ける歩道」を求めている。自転車の整理こそがその必要条件であり、それだけでも景観向上は果たせる。ストリートファニチャーなどを設置するのは、次の話である。

現実的な観点から、歩道にこまめに駐輪スペースを設置することを提案したい。道路関係者と話していると、「駐輪場は別の用地を確保して整備するのが筋である」などと、歩道上への設置にかなり強い抵抗がみられるが、これは『道路構造令』においてそのような位置づけがないからであろう。『道路構造令』には、クルマについては、道路の付属物としての自動車駐車場のほか、車道部に設ける停車帯について明記されているが、自転車に関しては、規模の大きな自転車駐車場のほかには、何も記述がみられない。クルマの停車帯と同様に考えて、『道路構造令』においてオーソライズすればよいのではないか。

なお、駐輪場というと大きな規模のものを連想しやすいので、ここでは駐輪スペースと呼ぶこととする。駐輪帯と呼んだ方が『道路構造令』には相応しいかもしれない。

デッドスペースの活用

細かくみていくと、駐輪スペースとして利用できそうな場所はいろいろありそうである。

写真３・21のａ、ｂは地下鉄の出入口の裏側であるが、このような場所は歩行者が通行しないデッドスペースである。現状では自転車が置かれ、それを排除するかのようにトラ柵[4]が置かれたりしているが、これも見

苦しい。ところが看板はそのままであり、そのスペースを看板が占拠しつつある。このような場所を積極的に駐輪スペースとして活用すればよいのではないか。

ｃのように交差点のコーナーと地下鉄の出入口の間にデッドスペースがある場合もあり、実際に自転車が置かれている。手頃な幅があり、歩行者の邪魔にもならないので、正式に駐輪スペースとすればよい。

ｄのような歩道橋の階段裏もデッドスペースであり、多くの場合、自転車が乱雑に置かれがちであるが、

写真3.21　駐輪スペースに利用できそうなデッドスペース（上からａ～ｄ名古屋市）

写真3.22　無造作に設置された駐輪スペース（名古屋市）

このようなスペースも活用できる。

ちなみに、写真3・22は地下鉄の出入口の裏側が駐輪スペースとして利用されている例である。ところが、駐輪のスペースの奥行きは地下鉄の階段の幅で十分収まるはずであるが、地下鉄の出入口のラインよりも歩道に出っ張る状態になっている。道路の標識のために車道側に必要以上にスペースを残しているためである。できる限りコンパクトにして、歩道の有効幅員を広く残すことはいうまでもない。

4　トラ柵：工事現場などでよく使われる柵であり、黄色に白の縞模様が多かったのでこのように呼ばれている。

個別店舗の駐輪スペース

通勤、通学者を主な対象とする駅周辺の駐輪対策とともに、買い物客の駐輪対策も大きな課題である。

写真3・23のａは最近オープンしたスーパーの店舗前の駐輪スペースである。収容台数は十分であり、オープン当初、多数の店員が出て自転車の誘導をしていた効果もあってか、自転車の置かれ方は、その後も悪くない。

写真3.23　駐輪スペースを設置しているスーパーとそうでない銀行（上からａｂ名古屋市）

一方、bはその少し前に建て替えられた銀行である。建物と歩道との間に若干のスペースがあるものの、自転車を置くには奥行きが足りないため、自転車は歩道に半分はみ出すような状態で置かれ、時には玄関前のスロープの入口部分に置かれることもある。

『自転車法』[5]第5条には、「百貨店、スーパーマーケット、銀行、遊技場等、自転車等の大量の駐車需要を生じさせる施設の設置者は(中略)その施設の利用者のために必要な自転車等駐車場を(中略)設置するように努めなければならない」とし、条例で「設置しなければならない旨を定めることができる」とされている。条例のあるなしにかかわらず、この銀行も駐輪スペースを設置する努力義務があるが、この奥行きの狭いスペースは駐輪スペースとして設置したのではなく、単に建物を少し後退させたにすぎない。

ちなみに、この銀行は『ハートビル法』[6]の適用対象であり、実際、バリアフリーの対応を行い、その認証マークがドアに貼られているが、駐輪自転車もまた歩行者、利用者にとって大きなバリアである。『ハートビル法』の精神に基づいて、『自転車法』を尊重してほしいものである。

5 自転車法:『自転車の安全利用の促進及び自転車等の駐車対策の総合的推進に関する法律』(1980・11公布、1993年改正)の通称。

6 ハートビル法:『高齢者、身体障害者が円滑に利用できる特定建築物の建築の促進に関する法律』(1994・6公布)の通称。

商店街の駐輪スペース

商店街の駐輪対策は一筋縄ではいかないようである。買い物客は荷物を持ち運ばなくてもよいように、目的の店舗の近くに自転車を止めたがる。多くは短時間の駐輪なので、いきおい、ぞんざいな置き方になってしまう。ここはちょっと現実的に考えることが必要ではないか。

写真3・24はいずれもアーケード街である。aの通りには「自転車、モーター類の駐車　ご遠慮ください」というう赤と白のサインがいくつも並んでいるが、それを目印にするかのように駐輪が行われている。皮肉なことに、このサインの「駐車」の文字だけが目立っており、「ご遠慮ください」の文字は目に入りにくい。いかにも日本的なサインであるが、仮に明瞭に「駐輪禁止」と書かれていたとしても違いはないのではないか。場合によっては、もっとあちこちに乱雑に置かれることになるだろう。

一方、bの通りには仕切りで囲った駐輪スペースが設けられており、「これより南　駐輪禁止！」というサインがある。確かに駐輪はここに集約されているようであり、ほかにはあまり見かけない。

cは歩車道分離されたアーケード街であるが、この歩道と車道をまたぐようにして自転車が置かれている。写真を撮った日はたまたま大部分の商店の定休日であり、自転車の数は少ないが、いつもは約500mにわたる通りの両側に自転車が並んでいる。十分な収容台数があるためか、商店街の周辺部における駐輪は少ない。この駐輪スペースの役割は大きいのではないか。車道は時間規制がかかっているが、対面通行道路である。一方通行規制をかけて車道を狭くし、そこに正式の駐輪スペースを設けるのがよいと思う。

写真3.24　アーケード街の駐輪スペース（上からａｂ高知県、ｃ愛知県、ｄ名古屋市）

ところが、dのような事例についてどのようにコメントしたらよいのだろう。ここは名古屋で最も賑わっているといわれる商店街である。そこに中規模のスーパーがあり、その前に買い物客の自転車が並んでいる。いつも係りのおじさんがいて、こまめに自転車の整理をしているが、人通りの多い休日には、ここで歩行者が団子状態となる。決して望ましい状態ではない。

『自転車法』の主旨からすれば、近くに適当な駐輪スペースを確保すべきであろうが、賑わっている商店街だけに空き地や空店舗は見つけにくいかもしれない。この商店街ではどの店も道路に商品を出して陳列しており、このスーパーも商品や買い物カゴを道路に出している。せめてそれらを完全に店の中に入れ、自転車の列をもっと店に近づけて道路を空けるべきであろう。「いや、絶対に道路に自転車を置くのはよくない」という意見もあるだろうが、係りの人を配置しているだけも良心的である。パチンコ店などでも、是非、見習ってほしいものである、というにとどめたい。

駐輪禁止の標識

駐輪をただ排除しようとするのではなく、歩道を含め、駐輪を誘導するスペースを柔軟にこまめに設置する方が、全体として「歩行者の道」は守られる。

ところが、買い物などにもっぱら自転車を利用する者の一人として日頃感じることは、駐輪スペースがなかなか見つからないことである。空きが見つからないというよりも、その存在自体が把握できないのである。駐輪スペースを設置したとしても、それが周知されなければ効果は上がらない。

名古屋の中心的な繁華街・栄地区の例をみてみたい。私がよく自転車で買い物に出かける所である。この区域は「自転車等放置禁止区域」であることは承知しているので、いつも利用する駐輪スペースを決めている。

それで気にかけていなかったが、注意しながら順に見ていくと、駐輪禁止の標識ばかりが目に止まる。しかし、その標識もわかりにくい。写真3・25のaにみられるように、駐輪禁止の標識は車道脇の高い位置に、人の目線と平行に設置されている。自転車利用者は歩行者、自転車とのすれ違いを気にしており、目線はその高さ、方向にあるので、そのような標識があっても目に止まりにくい。

bの場合は駐輪禁止の標識が歩道の内側に、目線に対して直角に標識が立てられているので、よくわかる。それで、ここには駐輪スペースはないと思い込んでいたが、実は車道寄りに駐輪スペースが設けられている。その内側が禁止区域であることをこの標識は意味しているが、実に紛らわしい。このような標識を立ててしまうと、歩行者には障害物となるので、その付近を通らなくなる。自転車に明け渡したようなものであり、実際、自転車で埋まっている。

駐輪スペースの絶対的な少なさ

それでは、駐輪スペースはいったいどこに配置されているのか。今度はそちらに注意して探してみると、写

写真3.25　見つけにくい駐輪禁止の標識（上からａｂ名古屋市）

真3・26のような案内板を見つけることができた。

「自転車等を利用される皆さんへ」と題する案内板であり、小さな文字で放置禁止区域の説明が細々と書かれている。この中に放置禁止区域の地図があり、駐輪スペースの位置が示されているが、これも小さい。この案内板の存在を知っている人が確認のために見ることはあるとしても、そうでない人には機能しない案内板である。

傑作なことに、街路樹に隠すように設置されている例もある。この歩道の反対側も同じようになっているので、何かの都合でこのように設置したのではなさそうである。案内板を機能させようという意志があるのかどうか、どうも疑わしい。

その案内板の中の地図が写真3・27である。図の薄い色の部分が放置禁止区域であり、濃い色の部分が駐輪スペースであるが、駐輪スペースはごくわずかである。この区域外にも駐輪スペースはあるが、絶対量が少ない。

写真3.26　見つけにくく、読みにくい自転車等放置禁止区域の案内板（名古屋市）

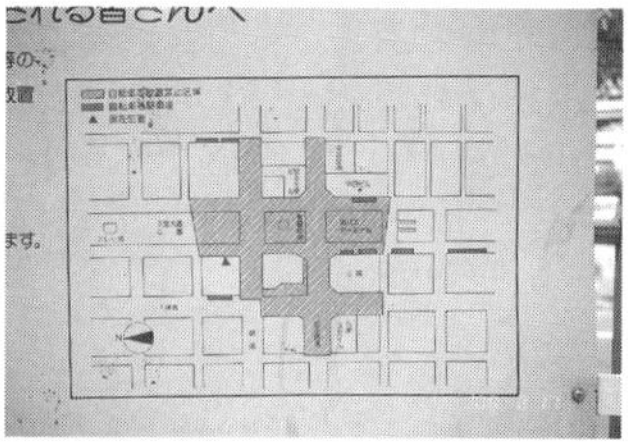

写真3.27　わずかしか設置されていない駐輪スペース（名古屋市）

駐輪禁止区域の破綻

実際には、約1kmにわたる道路の両側の歩道のほぼすべてにおいて、おびただしい数の自転車が置かれている。駐輪自転車がみられないのは、ビルの駐車場への車乗り入れ部だけであり、これは警備員が注意しているためである。

さらに、最近、すさまじいことが起きている。この歩道は幅員10mを超えるが、100mぐらいにわたって写真3・28のように自転車で埋まり、歩行者が通行できる幅は2mぐらいしか残されていない。これはもう、カオスである。この場所は案内板の地図のさらに南に位置しており、放置禁止区域の外である。一方の禁止区域内の駐輪スペースには空きが目立つという皮肉な現象がみられる。

中心市街地や鉄道駅周辺の駐輪の多い所では、条例によって放置禁止区域が指定されており、駐輪スペース以外に置かれた自転車は放置自転車とみなされ、即時撤去の対象となる。おそらく、禁止区域において自転車の撤去作業が行われたが、区域外のこの場所ではそのままに残された。そして、「禁止区域に自転車を置くと持っていかれる。区域外に置こう」ということで、この場所に自転車が集まってきたのではないか。渡辺千賀

写真3.28　自転車等放置禁止区域の外に氾濫する自転車（名古屋市）

恵著『自転車とまちづくり』[7]という本には、各地の自治体が自転車対策にどれほど悪戦苦闘をしてきたかが詳しく語られているが、ここにその典型的な実例をみるような気がする。

名古屋駅周辺も駐輪のすさまじい所である。時に大規模な撤去作業が行われ、放置自転車が一掃されることがあるが、その後には写真3・29のようなトラ柵が置かれることがある。見苦しいばかりでなく、とりわけ高齢者や視覚障害者にとっては自転車に勝るとも劣らない障害物である。

写真3.29 トラ柵の置かれた放置自転車等禁止区域（名古屋市）

写真3.30 駐輪スペースの少なさと自転車の氾濫（上からa～c名古屋市）

駐輪スペースを示す案内板を探したがなかなか見つからない。やっと見つけたのが写真3・30のaであるが、駐輪スペースが決定的に少ない。それも遠く離れた所ばかりである。大規模駐輪場も整備されていない。案内板が少ないのは、あまりに駐輪スペースが少ないので、そこへの誘導など、期待していないということかもしれない。

「自転車利用禁止」といった考え方のようであり、公共交通機関が整ったこの区域においては一理あるかもしれないが、現実が対応しなければ空論でしかない。駐輪スペースが少ないうえに、放置自転車の撤去が進んだためか、駅の正面の交差点あたりには、b、cのように横断歩道への動線をふさぐくらい大量の自転車が置かれる結果になっている。そばにバス停があるが、バス停にたどりつけないくらいである。不自然な規制はどこかに歪《ゆが》みが出るものである。

自転車等放置禁止区域とはいったい何なのか。区域を指定し、禁止、禁止と責めたてればよいというものではなかろう。また、区域外はどうでもよいというわけではないだろう。

7　渡辺千賀恵：『自転車とまちづくり―駐輪対策・エコロジー・商店街活性化』、学芸出版社、1999・3。

駐輪スペースへの誘導のために

自転車利用者のマナーが問題とされ、確かにその問題は大きい。しかし、自転車利用者も生活者であるから、禁止区域を設けるだけではおいそれとはのってこない。許可される所があってはじめて禁止の効果があるはずであり、許可と禁止をセットにしたプランニングが必要である。つまり、駐輪スペースを提供したうえで、「置くべき所にきちんと置く」、「それ以外には置かない」というメリハリのあるルールを徹底させることである。それがマナー向上の近道であり、歩行者と自転車の共存のための条件である。

その「置くべき所にきちんと置く」というルールの徹底のためには、駐輪スペースを適切に配置すると同時に、周知しやすくする必要がある。

写真3・31のaは栄地区の例である。一見するところ、何も変わりはないが、「自転車置場」という看板の向こう側が駐輪スペースであり、手前は禁止区域である。どちらも同じような条件にありながら、このように区分する根拠は何かあるのだろうか。全く恣意的なやり方であり、そんなのに付き合っていられないと思うとしても無理はない。

しかし、この現場でそんなふうに思うとすれば、よほど観察力のある人である。駐輪スペースかどうかの判断の手がかりは、消えかかっている路面の白い点線だけであり、その気になって見ないとわからない。なにもかもが曖昧なので、ゴチャゴチャになってしまう。

b、cは別の地区の事例であり、それぞれ白線、黄色い線で区画が示されている。この方がもちろんよいが、白線や黄色い線はもう見慣れてしまっている。また、白線や黄色い線は道路標示に使うものなので、乱用しない方がよいのではないかとも思う。

写真3.31 見つけやすい工夫が必要な駐輪スペース（上からa～c 名古屋市）

駐輪スペース全体に、ブルーか何かのはっきりした色を塗ってはどうだろう。面的で即地的な表示の方が自転車利用者には見つけやすいので、誘導効果は高まる。どのような所に駐輪スペースが配置されているか、記憶に残しやすい。さらには、「色のついたスペースからはみ出さないように」という暗黙の了解も期待できるのではないか。

駐輪スペースだけを明快に表示する方が、これまでのような標識による駐輪禁止よりも効果的であると思う。つまり、禁止主義ではなく誘導主義である。そして、駐輪スペース以外は標識はなくても禁止とする。標識は決して効果を発揮してきたとはいえないし、その数はどこまでもエスカレートするという性格を持っている。また、禁止はクリエイティブではないし、アクションを導かない。

なお、鉄道駅周辺や繁華街では自転車を整然と止める装置を設置し、有料化を進めたらよいと思う。

マナー向上と登録制

残るのはやはり自転車利用者のマナー向上である。駐輪場や駐輪スペースを探してそこに置く。やむを得ず、ちょっとの間、自転車を止めるとしても、人の迷惑にならない方法を考えるといったマナーであり、常識でわかることとはいえ、常識が形成されていないのが実状である。

自転車に乗り始めた子どもの頃からの教育の課題でもある。子どもの頃からのいいかげんな駐輪が、やがて第2章でみたようないいかげんな駐車問題を生み出しているといえないだろうか。とはいえ、現状の問題は決して子どもに限らない。自転車を登録制とし、その機会にルールの徹底を図ることを検討すべきところにきていると思う。

写真3・32は昭和の初めから30年代半ばまで用いられていたという自転車鑑札、つまりナンバープレート

である。当時の自転車は大卒初任給に匹敵するほど高価な乗り物であり、盗難防止が目的だったらしい。また、リヤカーにも鑑札があったということなので、歩行者のスピードを上回るもの、嵩《かさ》の大きなものに対して、交通上の自己規制を求める意味もあったのかもしれない。

これを展示している愛知県師勝町歴史民族資料館によれば、「自転車を買って使用するには、税金を支払って自転車鑑札を入手し、自転車に取りつけなければならなかった」という。

現在、自転車は使い捨ての消費財になってしまい、結果として大量の放置自転車を生み出している。このような税負担の仕組みを復活させれば総量規制が図られ、盗難の際の届け出なども徹底させやすい。自転車保有台数は全国で8000万台にのぼるので、テーマパークの入場料程度でも、かなりの額になる。それを駐輪場、駐輪スペースの確保、歩道の拡幅、自転車道の整備などの財源に回したらよいのではないか。

クルマには各種の税が課されているが、自転車には何も負担がなかったので、自転車対策がなおざりにされてきたように思える。クルマと同様、自転車に対しても受益者負担の考え方が必要であろう。もはや、自転車問題は深刻な社会問題と化している。

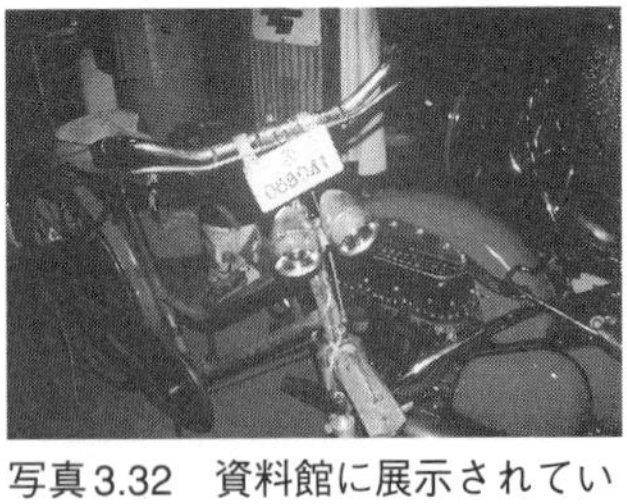

写真3.32　資料館に展示されている昭和30年代の自転車鑑札（愛知県）

ちなみに、犬を登録し、鑑札を受けることは、狂犬病予防法に基づいて現在も行われている。その際、愛犬手帳というものが渡されるが、そこには犬のしつけやマナーなども書かれている。同じように考えればよいのではないか。もちろん、鑑札などという古めかしいものではなく、自転車通学の高校生が貼りつけているような番号のついたシールでもよいかもしれない。

『道路交通法』における自転車の曖昧さ

登録制は自転車利用者の自覚を高め、そのルールについて周知を図るうえでも効果的である。何よりも、歩道では歩行者優先が原則であるという『道路交通法』第63条の4第2項の精神を徹底させなければならない。そして、高齢者や障害者がそばを歩いていたり、混雑している所では、自転車を降りて通行するくらいの配慮を常識にしていかなければならない。

私なども、歩いている時は気にならないのに、自転車に乗っていると、赤信号にかかると損をしたように思っている自分に気づく。このようなスピードを期待する心を捨てなければならない。子どもの頃からのそのような習慣が、やがてクルマを運転するようになった場合の安全運転の基礎訓練になるのではないか。また、通行する自転車の数は少ない方がよいので、2人乗りは果たしていけないのかどうかよくわからないが、無灯、並進はいけないといったルールは徹底させなければならない。

しかし、このような点は学習効果が期待できるとしても、第63条の4第1項の「道路標識等により通行することができることとされている歩道を通行することができる」が、そうでない場合は歩道があっても「車道を通行するのが原則である」、それも「左側通行が原則である」なんてことに、果たして合意が得られるであろうか。まして、子どもに本気で教えられるものだろうか。

ルールは善良な市民が守ることが可能なものであることが要件である。『道路交通法』にふれようとするたびに、私は泥沼に足をとられて身動きできないような思いをするが、意識的にわかろうとしてもわからないものが、子どもにわかるはずがない。一般の自転車利用者の間では『道路交通法』は決して知られていないし、理解しようとすれば私と同じように混乱することだろう。また、知ったところで何ともならない。

『道路交通法』において自転車は「軽車両」であり、「車両」の一種とされているが、自転車に乗る人の意識はむしろ「歩行者」の延長線上にあるので、どこまでも平行線のままである。６０年に公布された『道路交通法』は、クルマが歩行者に危害を加えないような規定を盛り込み、自転車事故が増えたので、自転車に配慮した規定が加えられたが、全体の構造はクルマの交通法であることは、今日でも変わりはない。これはもう、構造的に成り立たなくなっているのではないか。ツギハギだらけで凌《しの》いできたが、もうボロボロではないか。

自転車利用者がこれほどまでに増加したという現実をふまえ、自転車を「車両」から分離し、独立させるべきであろう。そして、歩行者、自転車、クルマ、それぞれの立場に立った交通法の体系を編み出してほしい。自転車利用者は自転車の交通法の部分を読めばよいであろうし、それをわかりやすいパンフレットなどにすることも容易になる。駐輪の規定も、通行の規定もそこに盛り込めばよい。

ちなみに、『道路交通法』には自転車の駐輪方法について書かれていないのが不思議でならなかった。警察署の人に尋ねても即答が得られないが、自転車は「車両」であるから、クルマの駐車方法に準ずるということらしい。つまり、自転車は基本的に車道を走り、車道に駐輪することになる。したがって、歩道上の駐輪問題などは存在しないことになる。

その後、自転車の「歩道通行可」が明文化され、「自転車歩行者道」というものが登場したが、「軽車両」が歩道を走るという矛盾にひとまず目をつむるとしても、その場合の駐輪はいったいどこなのか、全く示されていない。やはり車道なのか。歩道なのか。歩道だとすれば、車道における駐車禁止と同様の規定はなくてよいのか。禁止されないとすれば、歩道に駐輪することは問題ではなくなる。どんどんわからなくなる。解のないパズルのようである。

自転車の駐輪の規定は存在するようで存在しないので、警察官は『道路交通法』違反であるかどうか判断できない。それゆえ、駐輪に関心を払わない。そこで、自治体は自転車等放置禁止区域の条例が必要になったわけであるが、結局のところ、対処療法の域を出ていない。駐輪とともも、自転車の通行法と歩行者優先のマナーの徹底を併せて考えるなら、やはり、全国に網をかける法律、つまり『道路交通法』の大改正しかありえない。

私は主に歩行者の立場から『道路交通法』に注目してきたが、自動車学校の先生が現行の『道路交通法』に、相当、参っているらしいことを、最近インターネットで知った。歩行者、自転車の安全のためにいったいどうすればよいのか、教えようがないということらしい。表からみてボロボロのものは、裏返してもボロボロなわけであり、まさに破綻《はたん》しているということであろう。

2　看板、はみ出し商品

賑わいを演出するという不法占用物件

日本の街を特徴づけるのが、看板の氾濫である。より大きな看板をより目立つ位置に設置して競い合っている。看板の延長線上に、商品のはみ出し陳列がある。看板という可動式の小道具でまず公道を侵略し、たいしてうるさくもいわれないので、より大がかりな形で領分を広げていくわけである。はみ出し陳列は看板以上にアピールするであろうし、何よりも売場面積の拡大になる。

看板などとともにノボリ(旗)も立てられる。これは決まって一本ではなく、連続している。これほど見苦しいものはない。そうした所では駐輪も著しい。「何でもあり」の好き勝手放題である。「交通安全」と染め抜かれたノボリが何本も立てられることがあるから、感覚の麻痺は「民」も「官」も違いはないのかもしれない。

写真3・33～3・35は大都市の中心市街地の歩道であり、人通りも多いし、地価も高い。このような状態を

写真3.33　繁華街の看板やはみ出し陳列（大阪市）

写真3.34　繁華街の看板やノボリ（埼玉県）

放置しながら、行政は何かといえば「景観」を唱え、様々な見苦しいものをごまかすかのように、その舞台をきれいにしようという。この「景観」は美意識とは無縁のようである。

商店街の当事者も、街の賑わいを演出していると自負しているような感がある。ある市のバリアフリーモデル地区の計画づくりに関わった時、歩道上の看板やはみ出し陳列などの実態を地図に表したところ、市の担当者から断固として削除を言い渡された。位置を特定できない表現をしてもだめだという。商店街の反発はそれほど強いのだろうが、役所の方は問題提起する気もないようである。これらはまぎれもなく、パブリックスペースを私物化する不法占用物件というものであり、取り締まりの対象である。

一方、このゴチャゴチャしたアジア的な風景を好む市民は多いようであり、これこそ活気ある繁華街であると主張する人も少なくない。全く八方ふさがりの感じであるが、ここはやはり、高齢者、障害者の観点が必要である。

写真3.35　繁華街の歩道に散乱する立て看板（名古屋市）

狭い歩道の看板と車いす

写真3・36は商店街の歩道であり、人が肩を斜めにしてやっとすれ違うことができる程度の狭い歩道である。写真は車いすを試乗した時のものであるが、車いすが通行しているかどうかにかかわらず、歩行者の多くは歩道を歩いている。人とのすれ違いもままならない歩道を、窮屈な思いで歩きたくないということであろう。

歩道は看板置き場と化している。a～cのように、車いすは建物側に置かれた看板の脇をかろうじてすり抜けることができるが、その先には車乗り入れ部がある。看板をよける時は、車道側ギリギリに寄ることになるが、そこに車乗り入れ部のすりつけ勾配があるので、車いすは斜行して、車道に落ちてしまいそうになる。

その先にボード状の看板が置かれている。この台座の足はかなり出っ張っており、残された幅は車いすの幅程度である。さらに、この台座の足は灰色であり、目に止まりにくい。高齢者をはじめ、誰もがつまずきやすい。そこを通過しても、また看板がある。車道側には自転車も置かれている。試練の連続である。

極め付きはdのような状態である。建物側に置かれた看板もあれば、車道側に置かれた看板もあり、歩行者はこれらをよけてジグザグに歩かなければならない。

写真3.36　車いすの通行を阻む狭い歩道の看板（上からａ～ｄ名古屋市）

このような歩道を通行しようなどという車いす利用者など、実際にはいないだろうが、もしもこんな歩道に入り込んでしまったら、車いすの回転ができないので、戻るに戻れない。ベビーカーも通行できないだろうし、手押し車を使う高齢者も困ってしまう。かといって、車道を通行するにはクルマが多すぎる。安全第一を心がけている人たちには酷な環境である。

歩道とは名ばかりで、人の通行の用に資するものではない。歩道の狭さそのものがまず問題であるが、そんな歩道でも大切に管理しなければならない。それなりの幅員のある歩道では、「目くじら立てるほどではない」などと思うかもしれないが、その寛大さの延長線上に、この狭い歩道の看板問題がある。

視覚障害者や高齢者と看板

歩道はジャングルのようであり、歩道が広くても狭くても視覚障害者には障害物だらけである。写真3・37は駅近くの商店街の歩道であるが、ご多分にもれず、建物側には看板や商品が置かれ、車道側には自転車が置かれている。

写真3.37　視覚障害者がスムーズに通行できない看板（東京23区）

この全盲のSさんは、車道を走る車の音と平行に歩いたり、歩行者の足音や自転車の走る音で動線を把握して歩くが、「歩道上であることが確認される限り、適当な所を歩けばよいという気持ちで歩く」という。

ところが、自転車の通行が多い歩道では、防衛のために建物側に寄って歩こうとするが、そこには看板や商品がある。白杖で見つけてよけるが、障害物が多いと能率的には歩けない。そのうえ、障害物をよけた時に方向がよくわからなくなり、改めて注意深く方向を定める作業が必要となる。これがストレスになることは駐車、駐輪などと同じである。

「いちいち腹を立てても仕方がない。障害物があればよけて歩くだけ、という気持ちでいないと外出できない」とSさんはいう。また、別の全盲のHさんは「虫の居所が悪い時は、け飛ばしたりしますよ」と笑っていう。温厚で冷静な人であるだけに、内心、どれくらい不愉快に思っているか、よくわかる。

看板の多い歩道は、「手引き」をしてもらっても、決してスムーズに歩けない。緑内障などで視野が狭くなった人は車止めのポールや自転車にぶつかりやすいことはすでに述べたが、看板も全く同様である。高齢者にとっても危ない障害物である。

また、電飾看板のコードが歩道をまたいでいることもあるが、高齢者や子どもがつまずいて転倒するおそれがある。住宅のバリアフリー論においてコードはつまずきの元として問題視されているが、そのようなデリケートな考え方は、道路管理者のなかにはまだまだ浸透していない。道路の路面は固いので、住宅以上に配慮しなければならないにもかかわらず。

ついでながら、商店街の客寄せのための音楽などは、車の音や人の足音などをかき消してしまうので、視覚障害者は困るという。狭くて、ゴチャゴチャしていて、うるさい歩道は私も勘弁してほしいと思う。

見通しを損ねる屋台

写真3・38は大きな交差点のコーナーに常設されているたこ焼き屋の屋台であり、私が知る限り数年前からここで営業している。営業は午後からであり、その前に写真を撮った。この交差点には横断歩道があり、地下鉄の出入口があるので、ただでさえ人や自転車の流れが錯綜するが、この屋台のために見通しが悪い。

写真3・39も同じような屋台であるが、aは横断歩道を完全にふさいでいる。1、2年前に道路工事があり、bのように少し移動したが、交通妨害になっていることに変わりはない。先の写真3・36などと同じ地区の事例であり、看板がOKなら屋台もOKであり、違法駐車や駐輪もOKの無法地帯という感じである。

このようなものに道路占用許可が出るはずはないだろう。近くに交番があり、知らないわけはないと思うが、やはり警察は歩道には関心がなさそうである。

「道路を守る月間」

アメーバかウイルスのように変容、増殖する看板の問題に対して、行政は無関心というわけではないらしい。

写真3.38　見通しを損ねる交差点部の屋台（名古屋市）

写真3.39　横断歩道近くに設置されている屋台（上からａｂ名古屋市）

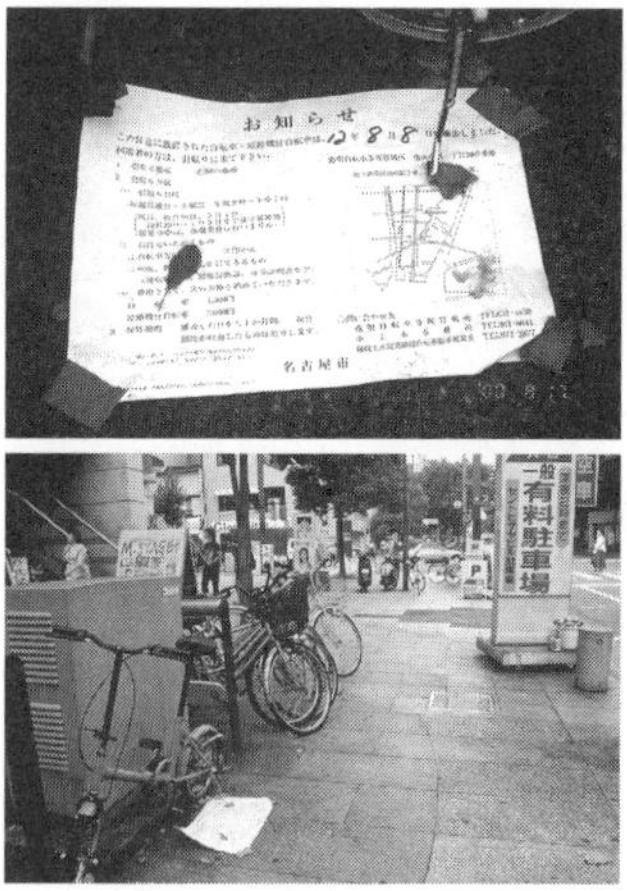

写真3.40　放置自転車撤去の貼り紙と看板（名古屋市）

いつかの広報に「8月は道路を守る月間です。道路に物を置くことは禁止されています。道路上に不法に占用している置看板、のぼり、はみ出し商品などの不法占用物件は、人や車の交通の妨げになったり、交通事故や街の景観を損ねる原因になっています。土木事務所では(中略)『道路上の不法占用物件』の除却指導を行います。○○土木事務所」とあった。しかし、その月においてさえ、なにがしかの変化を発見することはなかった。

時々目にするのが写真3・40のような貼り紙であり、「この付近の放置自転車、ミニバイクは○月○日に撤去しました」と書かれている。「がんばってるね」とは思うが、看板、ノボリは野放しである。道路を守る月間の8月のことである。所によっては放置自転車撤去の後を看板が占拠している。

駐輪の多い所は看板の多い所でもある。放置自転車を撤去するなら、なぜ同じように歩行者の通行の支障となる看板を取り締まらないのだろう。自転車だけが目の敵にされているといわれても、これではいい訳できない。

指導・取り締まりの総合化

写真3・41の現場では苦笑してしまった。パチンコ店の前の歩道であり、「お客様へ　歩道安全確保の為、

全面駐輪禁止とさせて頂きます。自転車は駐輪場へ　ご協力お願い申しあげます」とある。この店舗には立体の駐車場、駐輪場が整備されているので、その利用を促すものであり、確かに歩道には駐輪はみられない。ところが、この歩道にはノボリがはためき、造花が並べられている。「歩道安全確保」はどこへ行ってしまったのか。

写真3・42の場合は「当局の指導により、歩道への駐車はご遠慮下さい」とある。この飲食店のお客に対して歩道への乗り上げ駐車を禁じたものであるが、お店の前には看板やメニューの見本が並べられている。当局である警察署はクルマのことしか指導しなかったのか。

駐車、駐輪、看板の対策についてそれぞれ担当があるのかもしれないが、肝心なことは「公共空間を私物化してはいけない」という考え方を浸透させることである。縦割り行政ではなく、「歩行者の道」を守るという観点で連携し、総合的に対処すべきである。総合的に対処することによってしか、考え方を徹底させることはできない。

放置自転車の撤去作業を行う際に、周辺の看板などについてもこまめに指導すべきであろう。第2章で述べ

写真3.41　自転車は駐輪場へというお願い文とノボリなど（名古屋市）

写真3.42　駐輪禁止というお願い文と看板など（名古屋市）

たように、違法駐車のパトロール体制を強化し、同時に看板などについても指導や取り締まりを行ってほしい。それらは『道路法』および『道路交通法』において不法なのである。形式的な月間などではなく、３６５日の指導が必要である。

かつて、名古屋市でも歩道にはみ出した自動販売機が多いことが問題となり、９０年頃だろうか、集中的に指導を行い、実績をあげた。看板のような可動式の障害物は出したり引っ込めたりと一筋縄ではいかないかもしれないが、大部分は責任者がはっきりしているのだから、指導、取り締まりは容易なはずである。罰金制度で効率を高めるしかないかもしれない。

看板対策はあまりにも単純、明快であり、やって当たり前の地味なことである。日々の掃除や洗濯と同じであるが、そういう地味なメンテナンス力が落ちている。駐車、駐輪も根は一つである。

新手の障害物

最近、とても戸惑うような現象が生じている。携帯電話に関してである。駐輪、看板などとは異質であるが、同じような民間人による障害物としてここでふれることとする。

歩道の真ん中で棒立ちになって話をしている人がいる。町なかでは、ただでさえ電話の声が聞き取りにくいので、周囲の気配にはまるで気づかないようである。中には、歩道を左右にうろうろと往復する人もいる。これは動く障害物であり、いっそうやっかいである。

さらには、自転車に乗りながら携帯電話を使う人もいる。首と肩の間に携帯電話を挟んで、交差点を曲がってくる自転車に出くわしてヒヤリとしたことがあるが、その姿勢でうまくハンドル操作ができるわけがない。事故が起きるのは時間の問題であろう。

高齢者が真っ先に被害にあうのではないか。先にふれたように、身をかわすことができないので「子どもが近寄ってくるのが怖い」とさえ脳血管障害による片マヒの人はいうが、そのような人にとって凶器に等しい。『道路交通法』の改正によりクルマの運転中は使用してはいけないことになったが、同じようなことが歩行者にも自転車利用者にも必要な時に来ていると思う。

ちなみに、『道路交通法』の第76条第4項で「酒に酔って交通の妨害となるような程度にふらつく」、「交通の妨害となるような方法で寝そべり、すわり、しゃがみ、又は立ちどまっていること」は禁止行為とされている。路上での携帯電話の使用はこれに近い。

第4章　街路樹という名の公的障害物

第2章、第3章では、主に「民」がもたらす障害物について述べたが、それに負けないくらい「官」も障害物をつくり出している。その代表が、残念ながら街路樹である。

街路樹は市街地における貴重な緑であり、若葉や紅葉の頃には新しい季節を知らせ、日差しの強い夏は涼しい木陰をつくる。その価値は誰しも認めるところであるが、狭い歩道に設置すれば「歩行者の道」の機能が損なわれる。歩道が広ければ広いで、歩道の真ん中に街路樹を設置したりするが、これもれっきとした障害物である。緑の潤いに多くの人は惑わされるかもしれないが、人によっては駐車、駐輪、看板と変わりはない。

1　狭い歩道の街路樹

街路樹のある歩道の始まり

歩道が初めて日本で誕生したのは、藤森照信著『明治の東京計画』[1]によれば、明治10年、銀座大通りにおいてである。銀座煉瓦街計画によってつくられたこの歩道にはガス灯と並木が設けられたが、おもしろいことに、ガス灯は歩道の脇に設置され、並木は車道の脇に植えられたという。歩行者が交通の中心であったこの当時、歩道がメインであり、ガス灯はそこを照らすように配置され、街路樹はあの街道の並木のように、歩道という道を空けてその傍らに配置されたわけである。いかにものどかな感じである。

この文明開化の威信をかけた幅員15間（約27m）の大通りの歩道は左右各3・5間（約6m）であり、車道は8間（15m）である。現在も当時のままの幅員構成であり、歩いてみた感じでは、なかなかバランスがよい。こうした街路樹のある歩道が官庁街やビル街、幹線道路など、近代の街路に広まったことは容易に推測できるが、一般の住宅市街地に広まる契機は、1960年代に始まるニュータウン開発ではないかと思われる。ごく一般には農道に沿って住宅が建ち、市街化されていったので、歩道さえ整備されず、まして街路樹どころではなかったであろう。

1　藤森照信：『明治の東京計画』、岩波書店、1990・3。

初期のニュータウンの街路樹

写真4・1は開発時期の最も古いニュータウンの一つ、泉北ニュータウンの4車線道路の歩道である。今で

は街路樹は大木となり、さわやかな緑陰を形成している。ところが、この歩道は2m程度の幅員であり、その半分近くを街路樹の根元が占めている。結局、歩道の有効幅員は1m程度であり、人一人通行できるだけの幅である。ここにおいて人と街路樹は同格の位置づけでしかない。もちろん車道以下である。

驚くべきことに、この狭い歩道の真ん中に点々と白いポールが立っている。足下に用心してうつむきかげんに歩く高齢者にとっては突然現れる障害物であり、視覚障害者にとっては安全なはずの歩道に現れる危険物である。車いすもクネクネと曲がりながら通行しなければならないだろうし、小さな子どもと親は並んで歩けない。元気な男性も酔っぱらっては歩けない。

このポールは車道を照らす背の高い照明灯であり、歩行者の足下を照らすものではない。車道側の街路樹の列に揃えればよいものを、なにゆえにこのような位置に設置したのか。自転車ですらこんな駐輪の仕方はしない。あきれるばかりの思慮のなさである。

同じ土地には同じ思想が現れている。写真4・2も同じニュータウンの歩道である。1・5m程度の歩道の真ん中に、点々と街路樹が植えられている。街路樹の根元を除けば、この狭い歩道の両サイドにわずかな路面

写真4.1　ニュータウンの狭幅員歩道の街路樹と照明灯（大阪府）

写真4.2　狭い歩道の真ん中の街路樹（大阪府）

が残されているだけである。なかには街路樹の幹が曲がり、片方が通行できないような箇所もある。この街路樹の危なさは先の照明灯のポールと同じである。

「新しい街づくり、快適な街づくり、緑豊かな街づくり」というお決まりのキャッチフレーズが、おそらくこのニュータウンでも使われたであろうが、そこに歩行者の観点があったかどうか、疑問である。街路樹がつくり出す景観とは、実は車道側からみた景観のことではなかったのか。クルマの側からみれば、これは確かに道端に植えられた並木である。

結果的に、歩行者は車道と街路樹の余ったスペースを使わせていただくだけのことである。歩行者は小回りが利くからなんとかなるだろうという発想が、道路計画のベースにあったように思われてならない。「歩行者小回り論」に基づく「歩行者の道犠牲の定式」を用いた道路計画は、この頃に確定したのかもしれない。

当時、モータリゼーションへの対応は最重要課題であり、そちらに目が行ってしまったことはわからないではないが、「クルマの道」は元来の「道」、つまり「歩行者の道」に追加すべきものであり、「歩行者の道」をなおざりにしてつくるものではなかったはずである。これがニュータウンであるだけに、当時の計画思想がよく現れている。古くからの町の道が、いつのまにかクルマに奪われてしまったのとは、全く意味が異なる。

一般市街地の街路樹

「歩行者の道」よりも街路樹が尊重されてきたという点は、このニュータウンの事例に限らず、様々な地域で感じられることである。決して古い時代の計画手法ではなく、現在も延々とこの考え方が受け継がれている。

写真4・3は中心市街地の歩道である。この歩道にも街路樹が植えられているが、街路樹の幹のそばに看板や自転車、バイクが置かれている。「すでに街路樹があるのだから、新たな障害物を設置したことにはならな

い」という心理が働くのではないか。街路樹が新たな障害物の「呼び水」になっている。

この歩道の平日の歩行者交通量は約１万４０００人[2]であり、相当に多い。ところが、街路樹を含む歩道幅員は２・５ｍ程度であり、有効幅員はその半分である。このような狭い歩道、人通りの多い歩道において、歩行者は街路樹を望むであろうか。「できる限り歩ける所を広く確保してほしい」、「人や自転車とすれ違う時に気を使わなくてもよい歩道にしてほしい」というのが、歩行者の気持ちである。

写真４・４も駅に近い歩道であるが、この幅員は２・４ｍである。街路樹が設置されているばかりでなく、それを囲むパイプが設置されているので、歩道の有効幅員はその半分の１・２ｍと狭くなっている。このパイプは腰掛けとして利用できる形態のものであるが、この狭い歩道で腰掛ける人がいたら、ほかの人の通行の迷惑になるだろう。いったい何を考えているのか、何も考えていないのか。

それでは、歩行者の交通量が多くなければ問題はないだろうか。写真４・５はごく一般的な住宅地の歩道である。通学路であるため、近年、片側だけに歩道が設置された。確かに、日中の人通りは多くはないので、街路樹が歩道を狭めているという印象は強くはないが、歩道の有効幅員はやはり先の事例と同じくらいである。

写真4.3　看板などの呼び水になっている市街地の狭い歩道の街路樹（埼玉県）

写真4.4　狭い歩道をさらに狭める街路樹（埼玉県）

ところが、同じ路線において、電柱が歩車道境界ブロック[3]の並びに設置されている所がみられる。歩道のなかの電柱は評判が悪いためであるが、電柱も街路樹も人によっては同じような障害物である。緑が比較的多い住宅地であることを考えれば、街路樹はなくてもかまわないのではないか。あるいは、花壇を連続的に設置すれば、歩道の有効幅員はもっと広く残せるし、より安全で美しい。いずれにしても、子どもたちが横に並んでおしゃべりしながら歩けるような歩道の方が、はるかに絵になる。あの高齢者が望むという「ワイワイ、ガヤガヤ」の声も聞かれることだろう。

写真4.5　一般住宅地の狭い歩道の街路樹（埼玉県）

2　午前7時から午後7時までの12時間、1997年埼玉県調べ。
3　歩車道境界ブロック：歩道と車道を縦断方向に仕切るブロック。通常、20～25cmの高さ。

街路樹と高齢者、障害者

写真4・6は地元の高齢者、障害者とともに調査を行った時のものである。途中で雨が降ってきたので、車いすの若者に同行した母親が傘をさしかけているが、狭い歩道に街路樹があるため、車いすがかろうじて通過

できるだけの幅しか残されておらず、同行者は横に並んで進むことはできない。有効幅員はやはり1m程度である。一般の歩行者でもすれ違うのは難しく、雨の日に傘をさしていると、いっそうやっかいである。雨上がりに街路樹にたまった水がバサッと落ちてくることがあるが、用心して離れて歩きたくても、そんな余地はない。

写真4・7は近くの別の場所である。脳卒中の後遺症で片マヒのこの高齢者は、歩道の真ん中に敷かれた「点字ブロックがつまずきやすいので、離れて歩く」という。そうすると街路樹があり、これもよけなければならない。

初めから民地側を歩けばよさそうであるが、横断歩道の出入口にある点字ブロックを避けるため、交差点では車道側に曲がり込んでから歩道に上がる。したがって、歩道の車道寄りを歩くのが自然な動線になる。彼にとっては街路樹と点字ブロックがともにバリアとなっている。先の写真4・6にも点字ブロックが敷かれているが、「こんな狭い歩道では、歩く所がない」という。

一方、視覚障害者は点字ブロックを利用すればよいので、街路樹は障害物にはならないと思われるかもしれ

写真4.6　車いすが通行できる幅しか残されていない狭い歩道の街路樹（岐阜県）

写真4.7　視覚障害者誘導用ブロックと街路樹をよけて歩く片マヒの高齢者（岐阜県）

ないが、そうともいえない。点字ブロックを利用するのを好まない人もいるし、利用する場合も利用の仕方は人によって異なる。両足とも点字ブロックを踏んで歩くとその凹凸のために歩きにくいので、片足で点字ブロックを踏んで、他の足で安定をとって歩いたり、一般部を歩きながら、左右に振った白杖を点字ブロックに当てながら歩くという人も多い。そのような時に民地側の看板などが障害物となり、一方の車道側の街路樹が障害物となる。

この調査時の高齢者、車いす使用者、視覚障害者、その他の市民参加者の結論は、「シンプル・イズ・ザ・ベスト」であり、「狭い歩道に街路樹は必要ない。何もないさっぱりした歩道が一番よい」ということであった。それはまさに第1章で述べたような道の原風景に戻ることである。狭い路地では、狭いなりに最大限有効に利用しようとする生活者の自己規制が働いていた。それとは対照的に、狭い歩道の街路樹は生活者の観点を忘れて「官」が設置した障害物である。どこにでも街路樹を設置するという画一的な発想は、改める時にきている。

歩道幅員に関する当初の基準

第2章の車止めのポールの多くが、『道路構造令』における歩道の「建築限界」の規定に違反していると述べた。歩道の「建築限界」とは、路上施設を設置する場合はそれに必要な幅員を別途に加えることとし、歩行者が通行するための本来の幅員、つまり、有効幅員を犯してはならないという規定である。街路樹に関してもこの点が問題となる。

歩道の幅員規定については第2章でもふれたが、ここではやや遡《さかのぼ》って街路樹と歩道に関連する基準の推移を概観しておきたい。

武部健一著『道のはなしI』[4]によれば、江戸幕府は街道の幅員についての問い合わせに対し、道路幅員を2間

（３・６ｍ）以上とし、これに9尺（２・７ｍ）幅の並木敷《なみきじき》を道の両側に設け、合計5間（９・１ｍ）とするよう回答したという。また、１８８５年（明治１８年）の『太政官布達』では、国道の幅員は4間（７・３ｍ）以上とし、先と同じような幅員の並木敷（排水溝を含む）を設けて、合計7間（１２・７ｍ）以上にするという指示が行われたという。「並木敷」という言葉をここではじめて知ったが、興味深い。この幅員を別途に確保するという考え方が古くからあったわけである。

先にふれた明治期の銀座煉瓦街計画では歩道の幅員が定められており、１９８９年（明治２２年）の『東京市区改正条例』でも歩道の幅員が規定されていたが、１９１９年（大正８年）の旧『都市計画法』、旧『道路法』では歩道整備が位置づけられたものの、歩道幅員の基準はなかったようである。１９５８年（昭和３３年）に公布された『道路構造令』においてようやく、「第４種の道路」すなわち市街部（のちに「都市部」）の道路には「その各側に歩道を設けるものとする」とし、表４・１のような幅員が定められた。

並木を設ける場合は「３・２５ｍ以上」、並木以外の路上施設を設ける場合は「３ｍ以上」、路上施設を設けない場合は「２・２５ｍ以上」となっており、これがどのように運用されたのかよくわからないが、歩道の有効幅員を「２・２５ｍ以上」とし、並木や路上施設を設ける場合はそれぞれ１ｍ、０・７５ｍ加えるという考え方であったと解釈できる。

また、表中の（　）内はトンネル、橋の歩道、「地形の状況その他の特別の理由によりやむを得ない箇所」において縮小することのできる幅員であり、最低でも「１・５ｍ以上」確保するという規定である。

なお、この時点で独立した帯状の「並木敷」を設置するという考え方はなくなったようであり、歩道の中に並木を設けるという考え方が一般化したとみることができる。

4　武部健一：『道のはなしI』、技報堂出版、１９９２・４。

表 4.1　1958 年『道路構造令』における歩道の幅員基準

歩道に並木を設ける場合	3.25m以上　（2.5m以上）
歩道に並木以外の路上施設を設ける場合	3m以上　（2.25m以上）
歩道に路上施設を設けない場合	2.25m以上　（1.5m以上）

（　）内はトンネル等の場合

表 4.2　第 4 種道路の歩道および自転車歩行者道の幅員基準の推移（道路構造令）

<table>
<tr><th></th><th></th><th>1970年</th><th>1982年</th><th>1993年</th><th></th><th>2001年</th></tr>
<tr><td rowspan="4">歩道</td><td>第 1 級</td><td rowspan="2">3m以上</td><td rowspan="2">3m以上</td><td rowspan="2">3.5m以上</td><td rowspan="2">歩行者の交通量の多い道路</td><td rowspan="2">3.5m以上</td></tr>
<tr><td>第 2 級</td></tr>
<tr><td>第 3 級</td><td>1.5m以上</td><td rowspan="2">1.5m以上</td><td rowspan="2">2m以上</td><td rowspan="2">その他の道路</td><td rowspan="2">2m以上</td></tr>
<tr><td>第 4 級</td><td>1m以上</td></tr>
<tr><td rowspan="4">自転車歩行者道</td><td>第 1 級</td><td rowspan="4">2m以上</td><td rowspan="2">3.5m以上</td><td rowspan="2">4m以上</td><td rowspan="2">歩行者の交通量の多い道路</td><td rowspan="2">4m以上</td></tr>
<tr><td>第 2 級</td></tr>
<tr><td>第 3 級</td><td rowspan="2">2m以上</td><td rowspan="2">3m以上</td><td rowspan="2">その他の道路</td><td rowspan="2">3m以上</td></tr>
<tr><td>第 4 級</td></tr>
</table>

交通量が少ない等の場合の縮小値は省略

表 4.3　路上施設の設置に必要な幅員（道路構造令）

	並木	その他	ベンチ	上屋付きベンチ	横断歩道橋 地下横断歩道
1970 年	1.5m	0.5m			
1993 年	1.5m	0.5m	1m	2m	
2001 年	1.5m	0.5m	1m	2m	3m

７０年以降の歩道幅員の基準

モータリゼーションの進展に伴う歩行者、自転車の交通事故の急増傾向を背景に、１９７０年（昭和４５年）に『道路構造令』の全面改正が行われ、第３種と呼ばれる「地方部」の道路においても必要に応じて歩道を設置することや、自転車歩行者道の規定が新たに設けられた。

この７０年の改正以降の歩道および自転車歩行者道の幅員を表４・２に示している。ここでは第４種の都市部[5]の道路だけを表しているが、第1級から第4級は計画交通量に基づく区分であり、単純化すれば第1、2級が幹線道路、第3、4級が一般的な生活道路に相当する。なお、表の簡略化のため、特例的に縮小することにできる値については割愛する。

表にみられるように、生活道路については狭くてもよいから歩道を整備するというのが70年改正の基本的な考え方である。第4級の道路において歩道を整備することはあまりないので、ここでは第3級の道路に注目するが、この幅員は「1・5m以上」と規定された。つまり、58年基準においてやむを得ない場合の特例的な扱いとなっていた「1・5m以上」という基準が堂々と導入されたわけであり、驚くべき後退である。「歩道というからには、これくらいの幅は必要だ」という考え方が、この時点で失われたといってよい。これは93年改正でようやく「2m以上」となったが、それでも58年の有効幅員の水準に達していない。

一方の幹線道路は、70年改正で58年基準を上回る「3m以上」という基準が設けられ、その後「3・5m」に改正された。歩行者の交通量ではなく、クルマの交通量に基づく格差を設けたまま推移するわけである。また、70年改正で導入された自転車歩行者道の幅員は「2m以上」と規定され、93年改正で生活道路では「3m以上」、幹線道路では「4m以上」にやや広げられた。ちなみに、70年の幹線道路の自転車歩行者道の幅員は歩道の幅員よりも狭いが、実際には、白線などで歩道と分離した自転車道の幅員として取り扱われたと考えられる。

これらの規定は2001年の改正で歩道、自転車歩行者道の設置をより積極的に進める表現に改められ、幅員規定についても「歩行者の交通量の多い道路」という観点を重視する表現に変えられたが、幅員の基準値そのものに変化はない。

一方、路上施設に必要な幅員は70年改正で定められ、表4・3に示すように、並木を設ける場合は「1・5

ｍ」、その他の場合は「０・５ｍ」を加えることとされ、その後、ベンチには「１ｍ」といった規定が追加された。路上施設帯としてこれらの幅員を上記のような有効幅員に加算して歩道全体の幅員を設定するわけであり、その限りにおいて歩道の「建築限界」は守られることになる。

ただし、『道路構造令』は「道路を新設し、又は改築する場合における道路の構造の一般的技術的基準」であり、既存道路を含む最低水準や誘導水準を規定するものではない。にもかかわらず、「やむを得ない場合においては、この限りではない」などの表現が多いので、新設、改築であっても、なんとでもできるといった面がある。

さらに、６６年の『交通安全施設等整備事業に関する緊急措置法』に基づいて整備される歩道、自転車歩行者道については、『道路構造令』第38条において「基準によらないことができる」とされているので、何がなんだかわからなくなる。実際、幹線道路においてさえ、側溝に蓋をしただけの１ｍにも満たない歩道がこの事業によって整備されてきた。場当たり的で恣意的な整備が行われる法令の構造といえないだろうか。

5　都市部とは『都市計画法』に基づく都市計画区域の市街化区域、または人口が集中している区域、その他は地方部とみなされ、それぞれの区域の道路が第４種、第３種と区分される。なお、第１種、第２種の道路は高速道路、自動車専用道路であり、歩行者は通行しない。

街路樹による「建築限界」違反

もう一度、先に紹介した事例に戻ってみたい。これらの歩道は「やむを得ない」とか『緊急措置法』の対象となるような歩道だとはとうてい考えにくいので、『道路構造令』の先の基準に照らしてみてよいだろう。

写真４・１や４・２のニュータウンの歩道は６０年代に整備されたもので、道路設計が５８年以前の場合は

どうなるのかよくわからないが、５８年の基準に準拠するとすれば、街路樹を設置する場合は「３・２５m以上」必要である。しかし、その幅員は満たしていない。路上施設を設けない歩道幅員としながら、実際には街路樹を設置したわけであり、「建築限界」違反ということになる。あるいは、この歩道らしき所は、『道路構造令』でいうところの歩道などではなく、街路樹などのための路上施設帯、あるいは江戸時代の「並木敷」でしかないといった方が正確かもしれない。

また、写真４・３は県道である。旧国鉄の駅の近くにはたいてい「○○停車場○○線」と名のついた県道があるが、これもその一つである。８０年代の半ばに電線類の地中化のための『電線共同溝整備事業』が実施されたが、歩道幅員の改善は行われず、従前の歩道形態に復旧させる工事が行われたようである。同じ路線の別の箇所では３・５m程度の幅員の所もあるが、写真の箇所は２・５m程度であるにもかかわらず、幅員の広い所と同じように街路樹が植えられた。これが生活道路であるとみなしても、結果的に７０年改正の基準である「１・５m以上」の有効幅員を満たすことができず、「建築限界」違反の状態になったといえる。

従前復旧工事の場合はその時点の『道路構造令』を免れるという解釈があるかもしれないが、市民感覚では地面を掘り返して電線共同溝を埋め、舗装を全面的にやり直す工事は改築としか考えられない。直近の『道路構造令』に準拠するのが筋であろう。

また、写真４・４〜４・６は、いずれも９０年前後に改修、新設された歩道であり、やはり７０年の基準が適応されるが、生活道路の「１・５m以上」の有効幅員は確保されておらず、「建築限界」違反の整備を行ったことになる。もちろん、街路樹を設置する場合に必要な１・５mも確保されていない。狭い歩道を「歩行者と街路樹のために折半してよし」としているわけであるが、このようなバランス感覚は、とうてい理解できない。

第２章でも述べたように、歩道の「建築限界」に関する認識はきわめて希薄であり、同じような事例は全国的に多いであろう。とはいえ、「建築限界」を守り、最低基準を満せばよいというものではない。01年の『道路構造令』の改正で「歩行者の交通量の多い道路」という表現に変えられたが、以前から「歩道の幅員は、当該道路の歩行者の交通の状況を考慮して定めるものとする」という一項がある。これが忘れられてきた。

歩行者の占有幅と通行幅

それでは、歩道の有効幅員はどれくらいが適切なのだろう。『道路構造令の解説と運用』によれば、表4・4に示すように、歩行者の占有幅は0・75m、車いすは0・9m、自転車は1mとされており、これに基づいて歩道幅員が設定されてきた。長い間、歩道幅員の最低基準であった1・5mという数値は、歩行者2人がすれ違うことのできる幅員として設定されたものである。ここでは、もう少し、様々な歩行者について考えてみたい。

まず、杖歩行者についてである。とりわけ片マヒの人は、先の写真4・7などにもみられるように、杖を斜め前方に出して体重をかけ、不自由な足をやや外側に振り回して引き寄せながら歩くので、一般の歩行者よりも広い幅が必要である。松葉杖など2本の杖を使う人も、杖を側方に振り回すようにして用いるので、広い幅が必要である。さらに、歩行時に体のぶれがあるうえ、すれ違う際の接触による転倒の危険があるので、余裕を見込んでおく必要がある。

また、白杖を用いる視覚障害者は、白杖を肩幅よりもやや広く振るのが基本であるから、やはり一般の歩行者よりも広い幅である。ベビーカー自体の物理的な幅は大きくはないが、子どもが手を広げていることが多いので、広い幅を見込んでおく必要がある。

このような人の物理的な幅は、車いすとおよそ同程度とみなされるが、その占有幅を0・9mと考えれば、それでよいだろうか。そもそも占有幅というのは、主に建築の分野において、廊下や開口部を通行するのに最低限必要な幅として設定されたと考えられるが、その空間を形成するのは壁などの動かないものである。本人のペースでその狭い所を通過すればよいことになる。また、すれ違いを考慮して、これを2倍、3倍にして幅員が設定されるが、屋内においてすれ違う相手の行動というのは比較的穏やかであり、譲り合いが行われやすい環境にある。

一方、歩道は不特定多数が通行する空間であり、その多くはせわしなく、複雑に動いている。そのような環境にあって、杖歩行の人、白杖を使う視覚障害者、車いす使用者、ベビーカーは、自ら機敏にリスクを回避することが難しい歩行者、つまり、小回りの利かない歩行者である。それゆえ、リスキーなものとは距離を置きたいと思っているだろう。

これらの様々な歩行者をここでは「障害者等」と表現することとするが、従来の静的な占有幅を基礎とする

表4.4　歩行者、車いす、自転車の通行幅

	歩行者	車いす	自転車
物理的な幅*	0.5m	0.65m	0.6m
占有幅*	0.75m	0.9m	1m
	歩行者	障害者等	自転車
歩道における通行幅	0.75m	1.5m	1.5m

＊ 資料：日本道路協会『道路構造令の解説と運用』

のではなく、現実的な動きや心理面も考慮して「通行幅」という観点で歩道幅員を考えるのが妥当である。その通行幅については、多様な人を包括し、単純化するという観点から、「1・5m」と設定するのがよいのではないか。

小さな子ども連れの親子、「手引き」で歩く視覚障害者と案内者、盲導犬を用いる視覚障害者も、同じようにリスクを回避しにくい歩行者であり、「障害者等」に含めることとしたい。ペアではあるが、1・5mで対応できるように思われる。

一般の歩行者についても、荷物を持っている時は広い幅が必要であり、2人並んで歩く時は間合いをとって歩くので、1人当たり0・75mでは狭いとは思うが、ひとまず、リスク回避能力のある人と考えてこの幅を通行幅とするなら、これは「障害者等」の通行幅の1／2である。

また、自転車の占有幅は1mとされているが、これは自転車を走らせない場合の幅といった方がよい。経験的に、1・5mが妥当だと思う。つまり、「障害者等」と同様の通行幅である。

以上のように、歩道幅員を検討する際には、「1・5m」を原単位とすることを提案したい。いずれにしても「歩行者の道」では、「クルマの道」のように車線に沿って通行するということはなく、交通の状況に応じて散ったり集まったり、速度を緩めたり速めたりして調整しながら歩いている。調整の頻度が低ければ快適であり、調整の頻度が高ければ歩きにくい。「1・5m」という原単位は、前者を目指すものである。

望ましい歩道の有効幅員

この通行幅に基づいて、歩行者のすれ違いや追い越しのケース別に必要となる幅員を表したのが表4・5である。図4・1は歩行者の通行の様子を具体的に表したもので、図中の歩行者、「障害者等」の物理的な幅につ

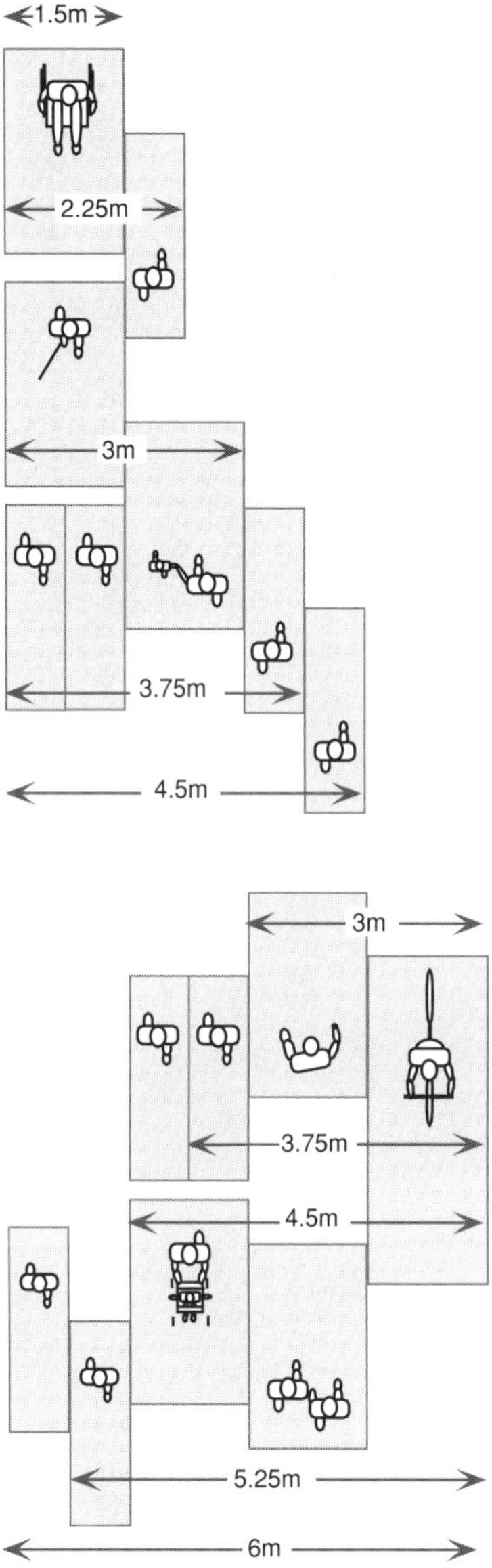

図 4.1　歩行者、自転車の通行状況と歩道幅員

表 4.5　通行に要する幅員

歩道	障害者等 歩行者２人	1.5m
	障害者等・歩行者 歩行者３人	2.25m
	障害者等２人 障害者等・歩行者２人	3m
	障害者等２人・歩行者 障害者等・歩行者３人	3.75m
	障害者等２人・歩行者２人	4.5m
自転車歩行者道	障害者等・自転車 歩行者２人・自転車	3m
	障害者等・歩行者・自転車	3.75m
	障害者等２人・自転車 障害者等・歩行者２人・自転車	4.5m
	障害者等２人・歩行者２人・自転車	5.25m
	障害者等２人・歩行者２人・自転車	6m

いては、厳密に表現しているつもりである。

まず、「障害者等」と一般の歩行者がすれ違うには2・25mの幅員が必要であり、これは58年の『道路構造令』において歩道の有効幅員の最低基準とされていた幅である。

しかし、現実には子ども連れと杖歩行の高齢者など、「障害者等」と「障害者等」がすれ違うケースが日常的に生じる。そのためには3mの幅が必要である。これが歩道の最低限の有効幅員といえよう。この幅員が確保されておれば、一般の歩行者は横に並んで歩いたり、状況に応じて縦に並んで道を譲り合ったりといったことも行いやすい。

もちろん、歩行者の交通量の多い歩道では、幅員をより広く確保するに越したことはないが、4・5m程度あればよいのではないかと思う。たとえば、日本で最初にできた銀座大通りの歩道の幅員は約6mであり、現在は街路樹などが歩道に設置されているので、実質は5m弱であるが、不十分でもなさそうであり、繁華街の道としての締まりもある。歩道の望ましい有効幅員は「3〜4・5m」といえよう。

これに自転車がからむと難しくなる。原則的には、歩道の有効幅員3〜4・5mに、自転車の通行幅1・5mを加えて、自転車歩行者道の幅員を「4・5〜6m」とするのが望ましい。もちろん、自転車同士のすれ違いが発生するが、これについては、歩行者の通行の状態を見ながら、自転車同士が調整することを前提とせざるを得ない。そして、「6m以上」の幅員が確保できるなら、歩道と自転車道を分離すればよいだろう。

歩道の二重構造

ひとまず、『道路構造令』における歩道、自転車歩行者道という分類に従ったが、この二重構造が曲者《くせもの》である。

そもそも、自転車歩行者道は日本独特のものである。欧米では自転車は車道を通行するか、自転車道を通行するのが基本であるが、日本では自転車の「歩道通行可」という大きな舵取りをしてしまった。その結果、自転車歩行者道であれ、単なる歩道であれ、自転車は歩道を通行するという認識が一般化してしまったが、建て前はあくまでも、自転車歩行者道でない限り、自転車は車道を通行することになっている。交通法に一貫性がなく、自転車利用者任せとする無責任な体制であり、そんななかで自転車は右往左往し、同時に歩行者も右往左往しているというのが実態である。

問題は、自転車の「歩道通行可」としながらも、ハード面の整合が図られなかったことである。つまり、すべての歩道を自転車歩行者道の水準にしようとしなかったことである。

なぜ、自転車歩行者道というものが生まれた７０年時点で一本化されなかったのか。この時点の『道路構造令』には、「自動車の交通量が多い」道路には、「安全かつ円滑な交通を確保するため自転車及び歩行者を分離する必要がある場合」は、自転車歩行者道を設けることとされている。つまり、クルマの「安全かつ円滑な交通」の確保のため、自転車、歩行者を「分離する必要がある」と道路管理者が判断する場合は、自転車歩行者道を整備するというものであり、交通状況の予測は難しいので主観的判断に任せられる。

自転車歩行者道は、歩行者や自転車の観点から出発したものではなく、クルマの観点に立っているといえよう。自転車歩行者道という奇異な名称も、クルマにとっての自転車対策の印象が強い。うがった見方をすれば、クルマが自転車を巻き込む事故を起こせば「安全かつ円滑な交通」は阻害《そがい》されるが、狭い歩道でも、自転車が自衛のために歩道を通行するようであれば問題はない。「自転車歩行者道を整備するまでもない。ただの歩道でよい」ということになる。そこにおける自転車と歩行者の軋轢《あつれき》には無頓着《むとんちゃく》である。

このベースには、「狭い歩道はやむ得ない」とする「歩行者の道義牲の定式」の思考が働いている。その結果、単なる道は、その狭さを合理化する存在として生き延び、二重構造が出来上がった。そして、この二重構造に

『道路交通法』が追随せざるを得なかった。こうして論理的な美しさに欠ける、いびつな道路計画論と交通法が出来上がり、今も生きているということではないだろうか。

改めて、欧米型に戻して歩行者と自転車を分離するのか、別途に自転車道が整備されている場合以外は、すべて「歩道通行可」に統一するかについての議論が必要であろうが、現実的には、「歩道通行可」に統一する方がよいように思われる。

つまり、歩道、自転車歩行者道という分類を廃止し、「歩道」に一本化することである。言い換えれば、『道路構造令』にいうところの自転車歩行者道という不適切な名称は廃止し、歩道を実質的な自転車歩行者道とするわけである。そして、『道路交通法』第63条の4第2項の精神に基づいて、歩道は歩行者優先の道路であることを改めて明快にする。と同時に、別途に自転車道の整備を進めながら自転車対歩行者の軋轢の解消を図っていく。改めて歩道を分類するとすれば、「歩道」、「自転車道と分離された純歩道」ということになる。

その歩道の有効幅員を「4・5～6m」とするというのがここでの提案であるが、ギリギリの妥協点を見い出そうとするなら、「最低でも3m」という線ではないか。93年改正以降の自転車歩行者道の基準はこの水準であるが、ここで論じているのは、あくまでも、従来の歩道の基準を撤廃し、既存道路を含むすべての歩道をこの水準に引き上げるということである。

もちろん、路上施設を設置する場合は、その幅員を加えることはいうまでもない。

歩道に関する統計がない

それではわが国の歩道の実態はどうなっているのだろうか。

驚いたことに、そのような統計は存在しない。唯一入手できるのが『道路統計年報』というもので、建設省道路局監修ではあるが、全国道路利用者会議という団体の発行であり、基本的には道路延長に関する統計である。

このなかで歩道に関するデータは「歩道整備道路実延長」だけであり、肝心の歩道幅員については全く把握されていない。公表されていないだけで、資料がないわけはないだろうと思っていたが、「それを知るには道路台帳が必要。この義務づけは都道府県以上であり、自主的につくっている市町村もあるが、少ない。したがって、全容は把握できない」と建設省の担当官はいう。

私はかつて住宅問題の研究をしていたが、国勢調査、住宅統計調査、住宅需要実態調査、建築統計年報といった統計書があり、根掘り葉掘りといったくらいに細かく調べられている。それでも足りない分を自治体の独自集計などを使って調べたものである。

それにひきかえ、道路に関する統計は全く杜撰《ずさん》である。データがあればまっとうな政策が行われるとはいいがたいが、少なくとも客観的、科学的なアプローチはできる。ストックの状態を知ること、つまり、過去、現在の事実関係をチェックしてこそ、未来を考えることができる。そこで新たなフローの方向性を定めるとともに、不良ストックを改善し、全体のレベルアップを図る長期的なプログラムの必要性もみえてくる。それが政策というものであろう。

歩道の幅員、つまりは有効幅員が常に公表され、チェックする仕組みをつくってこなかったことは、道路行政の大失策だったといわざるをえない。その仕組みがあれば、『道路構造令』に反するくらいに街路樹、そのほかのもので歩道を狭くしてきたことについて省みたであろうし、計画段階、改修段階で「この歩道の有効幅員は○○m」などと、相互に確認しあうことができたはずである。あるいは、公営住宅の一戸当たりの規模が平均水準の向上に呼応して大きくなったように、時代の推移を敏感に感じとって、もっと早期に歩道幅員の基準改正が行われたかもしれない。また、卒論や学位論文でこの問題を扱うといったこともありうるし、研究者の裾野も広がったかもしれない。

道路整備事業は「官」が一手に引き受けているので、どんぶり勘定が許されたということであろうか。道路事業費は膨大であり、この数年、12兆円前後で推移しているが、道路延長、つまり「量」のみに関心があり、その「質」に関心が払われてこなかった。いや、車道に関しては十分な注意が払われたが、それは一定の質を確保することを前提に確実に動いてきたので、「質」を疑う必要などなかったといった方がよいかもしれない。いずれにしても「歩行者の道」は道路行政の視野に入っていなかったと、確信せざるを得ない。ちなみに、幹線道路の交通量調査は定期的に行われており、これが「クルマの道」整備の根拠となってきた。

一般化してしまった狭い歩道

やむを得ず、ここでは歩道設置率をみるにとどめるが、この結果もショックである。

図4・2は歩道設置道路の延長と歩道設置率[6]の推移を表したものである。歩道の延長に関する統計は71年からであるが、その当時の歩道設置率は1・7%と微々たる数値である。その後、5年間に約2万kmの伸びをみせるが、98年に至っても歩道設置率は11・8%である。

図4・3は道路管理者別にみたものであるが、一般国道では55・5%、都道府県道は30・8%であり、幹線道路においても歩道設置率は高いとはいえない。市町村道が道路延長の大きな部分を占め、したがって歩道設置道路の実延長の数値も大きいが、この歩道設置率は6・9%にとどまる。われわれが日常的に利用する生活道路の大多数は歩道の設置されていない道路であるという実感とも対応している。

ちなみに、大都市圏で上位にある都道府県は、東京都21・9%、大阪府20・4%、神奈川県16・4%、愛知県12・5%である。また、政令指定市のなかでは札幌市の67・7%が特化し、名古屋市の34・1%、大阪市の３０・７％が比較的高く、他は主に２０％前後である。大都市においても歩道設置率は高くはない。

その希少な歩道とはどのようなものか。そのポイントは７０年改正の歩道幅員の基準にあるといえよう。この時期は交通死者数が１万６０００人を超えてピークとなり、歩行者、自転車を巻き込む事故件数もピークとなる時期である。歩車分離を進めることが大命題であり、実際、この時期から歩道整備に本腰が入れられた。

その事情は十分承知しているつもりであるが、その時期に「１・５m以上」という歩道幅員の基準を設けたことは、やはり大失策であり、５８年の基準に比べて決定的な後退であった。繰り返しになるが、歩道と自転車歩行者道という二重構造が、この後退を合理化してしまった。

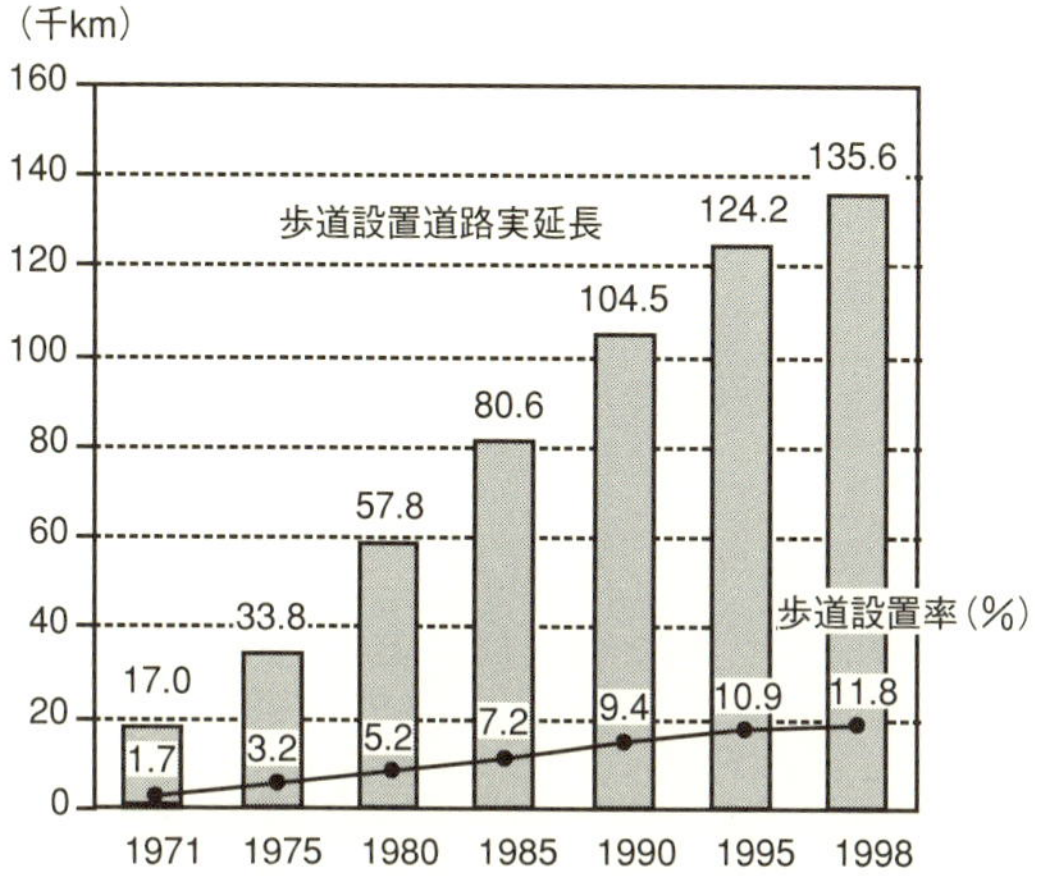

資料：道路統計年報

図 4.2　歩道設置道路実延長と歩道設置率の推移

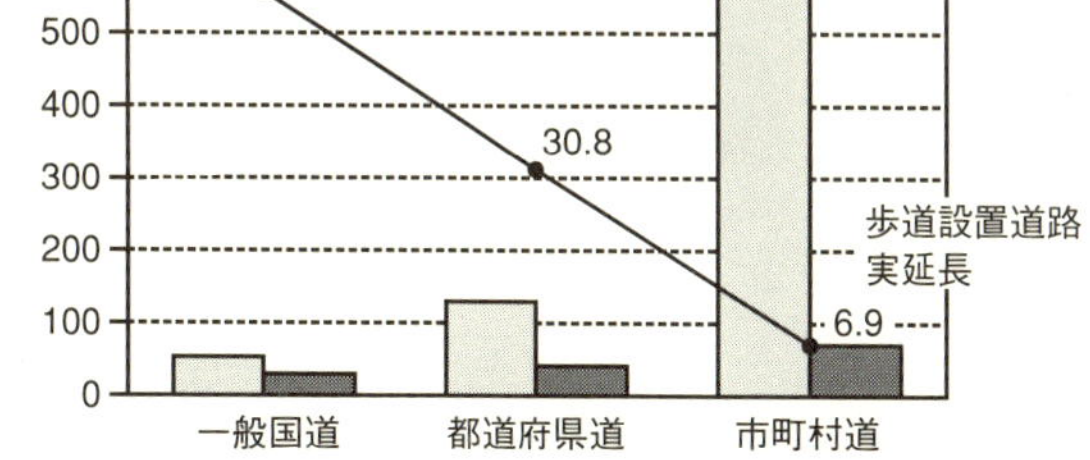

資料：道路統計年報

図 4.3　道路管理者別歩道設置率(1998年)

そして、「１・５ｍ以上」という基準は「１・５ｍ」と読まれて普及した。「以上」に知恵が回らないのが日本の公共事業の性格であり、最低基準は往々にして標準と化してしまう。９３年の改正まで、２０年以上にわたってこの基準が効力を持ったわけであるが、現在の歩道ストックの大部分はこの時期のものである。さらに、市町村道がその多くを占めるので、多くは「１・５ｍ以上」という基準の歩道であり、実際には「１・５ｍ」の歩道だとみてよい。そのうえ、『緊急措置法』に基づく『交通安全施設等整備事業』による、わけのわからない歩道が存在する。

6　歩道設置率：歩道設置道路実延長を高速道路などを除く一般道路の実延長で除した比率である。歩道設置道路には、片側にだけ歩道を設置した道路も含まれている。

幅員構成の再編

これが今日では膨大な不良ストックとなり、大きな禍根《かこん》を残す結果になっているが、道路の多くは両側が固定されているので、容易に拡幅できない。戦後から高度経済成長期にかけて、住宅政策も「質より量」の時代が続いたが、建て替えて高層化するという逃げ道は、道路にはない。

しかし、道路にも更新の方法がないわけではない。それは道路の幅員構成の再編であり、「クルマの道」や街路樹と「歩行者の道」とのバランスを見直すことである。この観点をきちんと位置づけない限り、『道路構造令』がどのように改正されたところで、膨大な不良ストックに対してなんら影響力はない。すでに述べたように、『道路構造令』は新設、改築の場合に準拠すべき基準であり、既存のストックに対しては、「改善するならこれに従ってください」といった程度のものでしかない。

再編のポイントは、「クルマの道」の車線を削減して、「歩行者の道」の拡幅に当てることである。現状において1・5mの歩道のついた2車線の生活道路であれば、1車線、一方通行とすれば3mの歩道が確保できる。幹線道路の場合は、70年の改正当時から歩道幅員は「3m以上」となっていたので、車線を削減すれば、りっぱな歩道になるであろうし、自転車道をつくって歩行者と自転車の分離も可能である。歩道のない道路についても車道を狭めて歩道を整備すればよい。

本章は街路樹に関する章であり、これをいうために長い話になってしまったが、改めて問題にしたいのは、歩道の有効幅員と街路樹のバランスについてである。このバランスに、これまでほとんど無頓着であり、狭い歩道を歩行者と街路樹のために折半するようなことが行われてきたことは、すでにみたとおりである。そうではなく、歩道の有効幅員を広くとることを最優先し、街路樹を見込んで歩道全体を広く確保する、広く確保できる場合に限って街路樹を設置する、という考え方が大切であり、「やむを得ず歩道を狭くしました」ではなく、「やむを得ず街路樹は植えませんでした」という考え方に変えるべきである。

もし、現状において街路樹を合わせて3mの幅員があればしめたものである。こうした歩道の街路樹は見直さざるを得ない。それより狭い歩道の場合はとりわけその必要がある。決して街路樹は必要ではないとか、緑化が必要ではないといっているわけではなく、この点は第2巻第8章で十分述べるつもりであるが、幅を要する街路樹でなくても、緑化の方法はいろいろあるはずである。

ヨーロッパの都市では、よほど広い歩道でなければ街路樹は設置されておらず、むしろ、民地側に緑がたくわえられている。日本の集落の原風景も同じであった。幹線道路の歩道の手法を狭い歩道に持ち込んできたが、狭い歩道がいかんともしがたいなら、これをもてあそぶことは、もう、おしまいにすべきである。

2　広い歩道の街路樹

住宅団地の「街路樹信仰」

日本では木陰もないだだっ広い広場をつくる一方、広い歩道があれば、所狭しと街路樹を散らすという不思議な現象がみられる。広場は避難用空地でもあるので広々としておかなければならないとも聞くが、そこへのアクセスについてはいったいどう考えられているのか。ともあれ、広い歩道の確保が課題であるが、歩道が広いからといって、決して楽観はできない。

写真4・8は高度経済成長期に開発の始まった民間の住宅団地における歩道である。歩道幅員は4ｍほどであるが、車道寄りに街路樹が植えられており、それと互い違いになるように民地寄りにも街路樹が植えられている。結果的に、歩道の有効幅員といえるのは1ｍ程度である。

歩行者同士のすれ違いも気楽には行えない。自転車とのすれ違いはもっと難しい。とりわけ方向転換の容易

写真4.8　民間住宅団地の街路樹（岐阜県）

ではない高齢者は困ってしまう。車いすの人は歩行者とすれ違うことができず、どちらかが待機して通過するのを待たなければならない。視覚障害者にとってこれは歩道ではなく、密林を歩くようなものである。緑豊かであるが、散策を楽しむどころではない。通路としては、野山のけもの道よりも程度が低い。

街路樹や植栽をより多く散りばめた住宅地ほどグレードが高いなどと錯覚しているようであり、「街路樹信仰」といったものがあるように思われてならない。目指していたのは緑に包まれた「道の原風景」のようなものであったのだろうが、道の概念から外れてしまっている。

住宅団地の歩行者専用道路

住宅団地は新しさを売り物にしている。その新しさとは、緑の散らし方といえばいいすぎだろうか。写真4・9はいずれも、住宅・都市整備公団[7]の比較的新しい開発地区にみられる歩行者専用道路である。ここに近年の考え方がよく現れている。

aの場合、幅員の2／3の範囲まで街路樹が互い違いに植えられている。残りは何もない状態であればまだ

写真4.9　街路樹や植栽が恣意的に配置された開発団地の歩行者専用道路（上からa岐阜県、b～d愛知県）

しも、このライン上の交差点部にも街路樹が植えられている。自転車がスピードを出したまま通過するのを防ぐためだと関係者はいうが、急に曲がってくる自転車ほど歩行者にとって怖いものはない。

ｂも自転車対策であろう、道の真ん中に彫刻が設置されているが、これも歩行者には障害物である。夜、暗くなれば見えにくくなる。酔って帰宅する人はことのほか要注意である。中央の舗装材の色を変え、その外側に街路樹を配置しているので、視覚的には中央が通路といった印象を持つかもしれないが、視覚障害者にはそれがわからない。安全なはずの通路に街路樹や置物が散らばっている状態であり、障害物ばかりの道ということになる。

ｃ、ｄは路側に植栽を配置したものである。車いすはわずかな横断勾配でも路側の方に斜行してしまうが、その路側に植栽があるので大回りしてよけなければならない。その繰り返しということになる。視覚障害者も路側にあるＬ型溝、側溝の蓋などの動線を示すラインに沿って「伝い歩き」したいところであるが、その重要なラインが犯されている。何を手がかりにどのように歩けばよいかわからなくなってしまう道である。

7　現在の都市基盤整備公団。１９９９年の改称以前の事柄については、本書では旧称を用いる。

歩道の真ん中の街路樹

形は違え、このようなお遊びのすぎた道があまりにも多い。

写真４・10は幹線道路の幅員の広い歩道であり、この歩道の真ん中に街路樹が植えられている。写真の男性は全盲のＳさんであり、バスを降りて地下鉄の階段を探すことになるが、民地側を歩くと階段が見つけられないので、やや車道寄りを歩き、階段の腰壁を探してこれを回り込み、出入口を見つけるという方法をとる。ところが、ちょうどこの動線上に街路樹がある。「白杖で見つけるのでぶつかることはないが、やっかいだ」と

いう。

Sさんに限らず、バス、地下鉄を乗り換える人は同じような動線をたどるので、この街路樹はだれにとっても邪魔になる。地下鉄の出入口の近くは動線が錯綜するので、余計なものは設置しないで広く空けておこうと考えてもよさそうなものであるが、歩行者の動線を考えるという習慣はなかったといってよい。設計図を描いても歩行者の動線は見えないようである。

写真4・11はこの歩道の一般部であり、正常視力と弱視の見え方を比較したものである。弱視については、両眼視力の和0・04、つまり、障害の等級2級の状態を模したシミュレーションレンズ[8]を用いている。このような視力では街路樹は近づいてもぼんやりとしか見えない。街路樹の幹はもともと街なかでは目立たない色であり、葉を落としている季節はとりわけわかりにくい。視野に障害のある人も見つけにくい。高齢者も同じような不安を感じているに違いない。

歩道の真ん中の街路樹は、歩行者道と自転車道を区別するために設けられたのであろうが、車道寄りに地下鉄の出入口があるので、自転車道はふさがれる。自転車を利用する人の多くは歩行者と同じ部分を通行してお

写真4.10　地下鉄の階段のそばにある街路樹が邪魔だという全盲の視覚障害者（名古屋市）

写真4.11　歩道の真ん中に設置された街路樹と弱視の見え方（名古屋市）

り、自転車道に相当する部分はデッドスペースに等しい。

　このような所にこそ緑がほしいものである。図４・４に示すように、街路樹やその他の植栽を車道寄りにたっぷりと植えるのがよい。幹線道路の殺伐とした風景や騒音に悩まされている歩行者は、気がまぎれるであろう。それこそ街路樹の本来の設置の仕方である。もちろん、自転車の駐輪スペースとして利用するのもよい。いずれにしても地下鉄の階段の幅の延長線上に帯状に配置すれば、現状よりも有効幅員は広くなる。

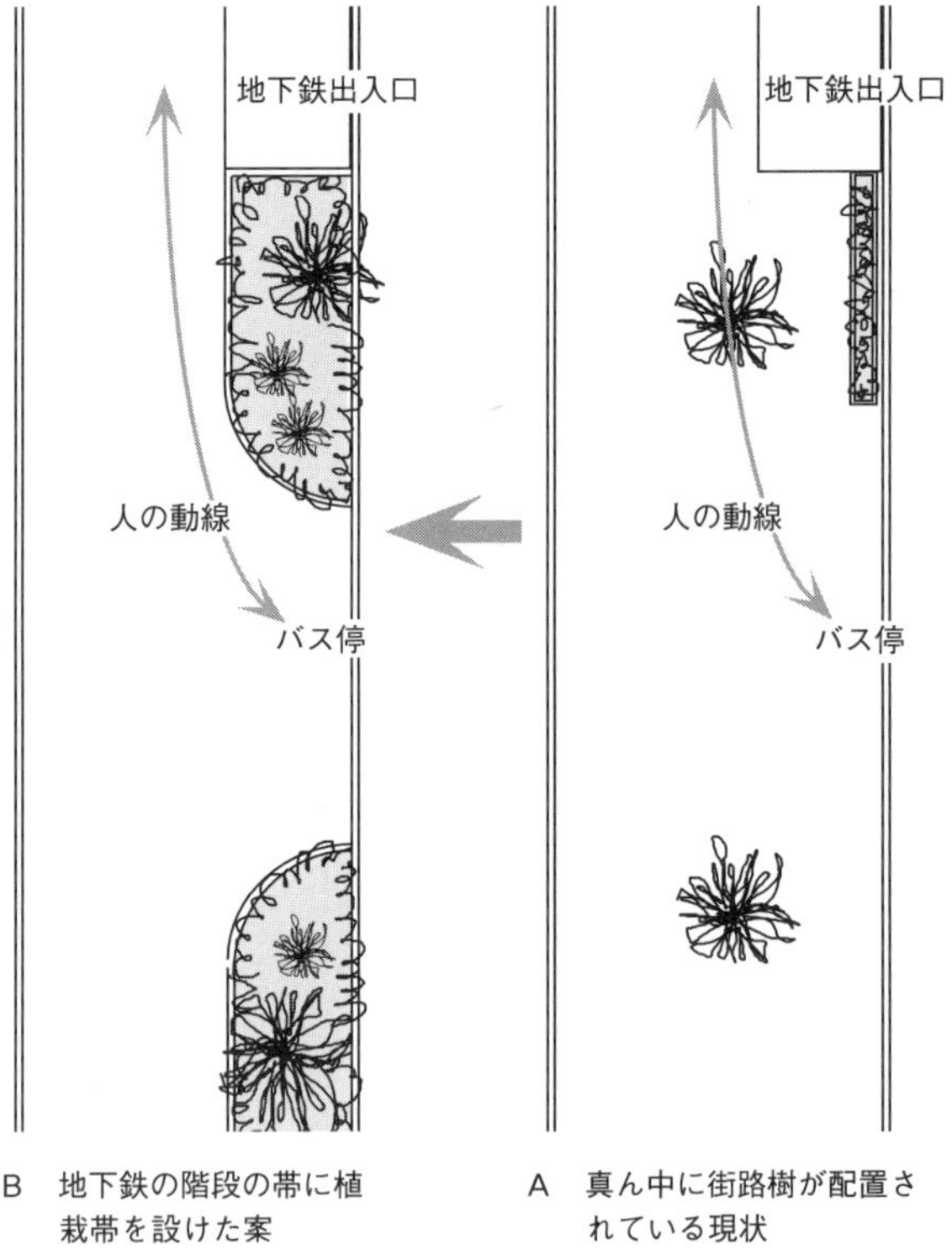

B　地下鉄の階段の帯に植栽帯を設けた案
A　真ん中に街路樹が配置されている現状

図 4.4　地下鉄の出入口のある歩道のデザイン案

8　シミュレーションレンズ：(株)高田巳之助商店の模擬実験用シミュレーションレンズトライアル。

拡幅された歩道の街路樹

歩道の真ん中の街路樹は危ないものだという認識は道路管理者にもあるらしい。写真４・12は拡幅された歩道のようであり、従前の街路樹が歩道の真ん中に立っている。その周りに視覚障害者に警告するための点字ブロックが設置され、民地寄りには動線を示す線状ブロックが敷かれている。

ここで買い物がてら、散歩しているという高齢の女性に出会った。最近、リュックをかついだ高齢者を多く見かけるが、「転んだ時の用心に手を空けておけるので、愛用している」という。転倒には、高齢者はみな用心している。

彼女は、「この（点字ブロック）上を歩きたくないので、いつも端っこを歩く」という。民地境界には手すりとしても使えるフェンスがあるので、寄りかかって休むことができるし、点字ブロックのある側は自転車もあまり走らないので、安心のようである。しかし、彼女にとってこの歩道の有効幅員は６０㎝程度である。それにしても、舗装材は真新しいのに、土砂が流れ落ちているとはどういうことだろう。土砂の流出は以前からあったはずである。

写真4.12　歩道の真ん中の街路樹と点字ブロック（大阪府）

電動の車いすの人も見かけたが、車いすは街路樹よりも車道側を通行している。こちら側は同行の人も並んで歩ける幅員である。子ども連れの人も手をつないで並んで歩くことができそうである。

しかし、通行できるかどうかの問題ではないのではないか。道は出会いの場であり、すれ違うことで出会いが生まれる。小さな子どもを見つけた高齢者は、きっとニコッとして目を合わすことだろうし、すれ違う時に声をかけるかもしれない。電車の中などでよく見かける光景である。また、車いすの人とも近くですれ違った方がよい。それが障害者となじんでいくプロセスである。街路樹を境にして、私はこっち側、あなたはあっち側という通行の仕方は、やはり不自然である。

街路樹が障害物になるので、それを点字ブロックで警告するという論理はもっともなようであるが、車止めのポールの周りの点字ブロックと同じように、乱用ではないか。バリアになっているのは歩道の真ん中の障害物であり、街路樹である。

街路樹が車道の脇に寄っていたら、動線を示す点字ブロックを歩道の真ん中に設置することもできたであろう。それ以上に、この点は第2巻第8章で詳しく述べるが、車道寄りに連続的な植栽帯を設け、街路樹をそこに設置したなら、車道側、民地側ともにふさがれるので、点字ブロックがなくても視覚障害者はずっと歩きやすくなる。

歩行者にとって歩きにくい道をつくっているので、一番困るであろう視覚障害者のために点字ブロックをたくさん敷くわけであるが、そうすると高齢者が困る。障害物に鈍感な行政が、この悪循環を生み出してきたといってよい。

１０ｍ歩道の街路樹

先の事例の場合、従前の街路樹が移植できないという悩ましい事情があったのかもしれないが、「街路樹信仰」にすっかり毒されてしまっているので、さほど考えなかったというのが本当のところではないか。以下、しばらく、名古屋市の中心市街地の半径約５００ｍ圏の4路線の歩道についてみてみたい。どれも私がよく通行する歩道である。

写真4・13は高速道路下の国道の歩道である。もともと歩道の幅員は広かったが、それがさらに拡幅されたようであり、従前の街路樹や電線共同溝の変圧器が歩道の中に残されている。その点はひとまず了解するとして、納得できないのは、さらにその内側に植栽を設置し、歩道を狭めていることである。そのような所では植栽を死角にするように、いつ見ても自転車が置かれたり、乗り上げ駐車が行われている。歩行者や自転車はどこを通ったらよいのか、迷う歩道である。

バス停のあたりには、囲いのあるベンチなどとは別に、植栽で大きく取り囲んでポケットパーク[9]を設けている所もある。それがとりわけ幅員を狭めているので、歩行者と自転車が錯綜する。歩道全体の幅員は１０ｍ

写真4.13　拡幅された歩道の植栽やポケットパーク（名古屋市）

以上であるが、有効幅員は3mぐらいである。ちなみに、このポケットパークで休んでいる人を見かけたことはない。自転車のパーキングになっているだけである。

従前の街路樹や植栽の外側が拡幅された部分であり、ここは自転車道となっている。しかし、その車道側にも街路樹や植栽が設置されているので、自転車道の幅員は2mである。自転車2台分の占有幅を満たしているとはいえ、幹線道路というのは、クルマのスピードにつられるのか、自転車に乗る人もスピードを求めるので、すれ違うにはやはり不安のある幅員である。したがって、歩行者も自転車も従前の歩道部分を、広く散ったり、狭く固まったりしながら通行しているのが現状である。

拡幅されたのは1車線分、3・5mであろうから、自転車道の車道側についてはガードパイプを設置するにとどめれば、3m幅の自転車道も夢ではなかったはずであるが、おそらく70年の『道路構造令』における自転車道「2m以上」という基準を「2m」と読み、残りを幅員を街路樹や植栽に当てたのだろう。

緑豊かな歩道であり、とりわけ春は楽しめる。近くに引っ越した当初、「都心というのは、なんと贅沢にお金をかけた所なのか。これを享受できるなんて、全くラッキーだ」などと思ったものであるが、間もなく違和感を感じ始めたのは以上の理由による。十分な幅員の歩道と自転車道を整備できる恵まれた条件にありながら、それが生かされていない。これも「街路樹信仰」の仕業《しわざ》であり、歩行者や自転車にとって安心できる幅員などには思い及ばなかったのだろう。

9　ポケットパーク：街角の小さな公園であり、建物の公開空地なども該当するが、歩道またはその脇に滞留スペースとして設置する動きもある。

歩道の真ん中のフラワーコンテナ

街路樹や植栽を、クルマの乗り上げ駐車を防ぐねらいから設置することもあるらしい。先の事例において、従前の植栽よりもさらに内側にも植栽を設置したのはおそらくそのためであり、体のよい「オジャマン棒」だったわけである。しかし、その効果は見たとおりである。

写真4・14も「オジャマン棒」的な植栽だと思われる。これは先の国道と交差する道路であるが、この歩道の真ん中に鋳物のフラワーコンテナが置かれている。

歩道の両側には乱雑に自転車が置かれているので、歩行者は脇の自転車をよけ、真ん中のフラワーコンテナをよけながら、ジグザグに歩かなければならない。自転車とすれ違う場合は、自転車はどの方向に曲がるのかよくわからないので、歩行者は待機するぐらいの用心が必要である。繰り返しになるが、とりわけ高齢者や視覚障害者には迷惑な障害物である。

この歩道の幅員は４ｍほどであるが、フラワーコンテナの左右の幅員は１・５ｍ程度であり、現行の『道路構造令』に照らせば、やはり「建築限界」違反となる。

写真4.14　歩道の真ん中に設置されたフラワーコンテナ（名古屋市）

さらにいえば、『道路交通法』第76条第3項に、「何人《なんぴと》も、交通の妨害となるような方法で物件をみだりに道路においてはならない」という「禁止行為等」の規定がある。これは『道路交通法』にも違反しているということではないか。第2章でみた歩道の真ん中の「オジャマン棒」も、実は『道路交通法』違反であり、それを警察署の要請により設置しているということなのだろうか。明らかに「交通の妨害」に該当すると思うが、「官」は「何人」に該当せず、「官」が設置するものは「みだりに」ではないという解釈が成り立つのだろうか。

ともあれ、歩道の真ん中にフラワーコンテナを設置している場所は、ほかでも見かけるので、一つの形式になってしまっているようであるが、4m程度の歩道を持て余すようでは、お先真っ暗である。『道路構造令』、『道路交通法』に基づく管理がない限り、広い歩道は分不相応ということになってしまう。

「広さ幻想」と「呼び水の法則」

写真4・15は90年代の初めに全面的に改修された歩道である。車道寄りには珍しい植物が寄せ植えにされており、四季折々に色づくこの植栽を私は気に入っている。

しかし、植栽は不連続であり、その途切れた所に街路樹があり、街灯があり、電話ボックスがある。歩車道境界にはボラードも設置されている。おまけに、それらの隙間には自転車が乱雑に置かれ、ゴミが出され、一方の民地側には様々な看板が置かれている。立派な植栽はこれらのために影が薄い。

この歩道の交差点の巻き込み部にも植栽が設置されており、それ自体はよいが、問題は歩道のさらに内側にも街路樹が1本植えられていることである。ここでいつも何かしら違和感を感じていたが、それは街路樹が見通しを悪くしているからである。

交差点では、歩行者の動線が曲がり、自転車の動線も曲がって、複雑に交差する。ただでさえ歩行者は建物の陰から自転車がどのように走ってくるか気にしているが、そうした自転車が街路樹の所で急に曲がったりする。歩行者は自転車に注意し、街路樹に注意しなければならない。自転車の側からみても、見通しが悪くて困る。道路の設計において「クルマの道」の見通しには最善の注意が払われるが、「歩行者の道」の見通しについては全くなおざりにされている。

パラパラといろんなものを配置するのは考えものである。しかし、これが日本における歩道の一般的な形態である。様々な事例で思うことであるが、隙間を空けて舗装をしておけば広く見せられる、その方がリッチであるといった「広さ幻想」というものがあると思う。ところが、その隙間には新たに無秩序にものが置かれる。「呼び水の法則」といったものがある

図4・5のように連続的な植栽帯を設け、街路樹や街灯などはそのなかに収め、中途半端な隙間をつくらない方がよい。その方がすっきりとした緑豊かな「歩行者の道」が形成されるし、街路樹が「呼び水」になることもない。もちろん、街路樹にとっては土面が広いので保水性もあり、健康に育つだろう。この植栽帯は街道の「並木敷」と同じものであり、現代にあっては、様々なものを収める路上施設帯としての機能も加わる。

写真4.15　街路樹、植栽が漫然と配置された歩道（名古屋市）

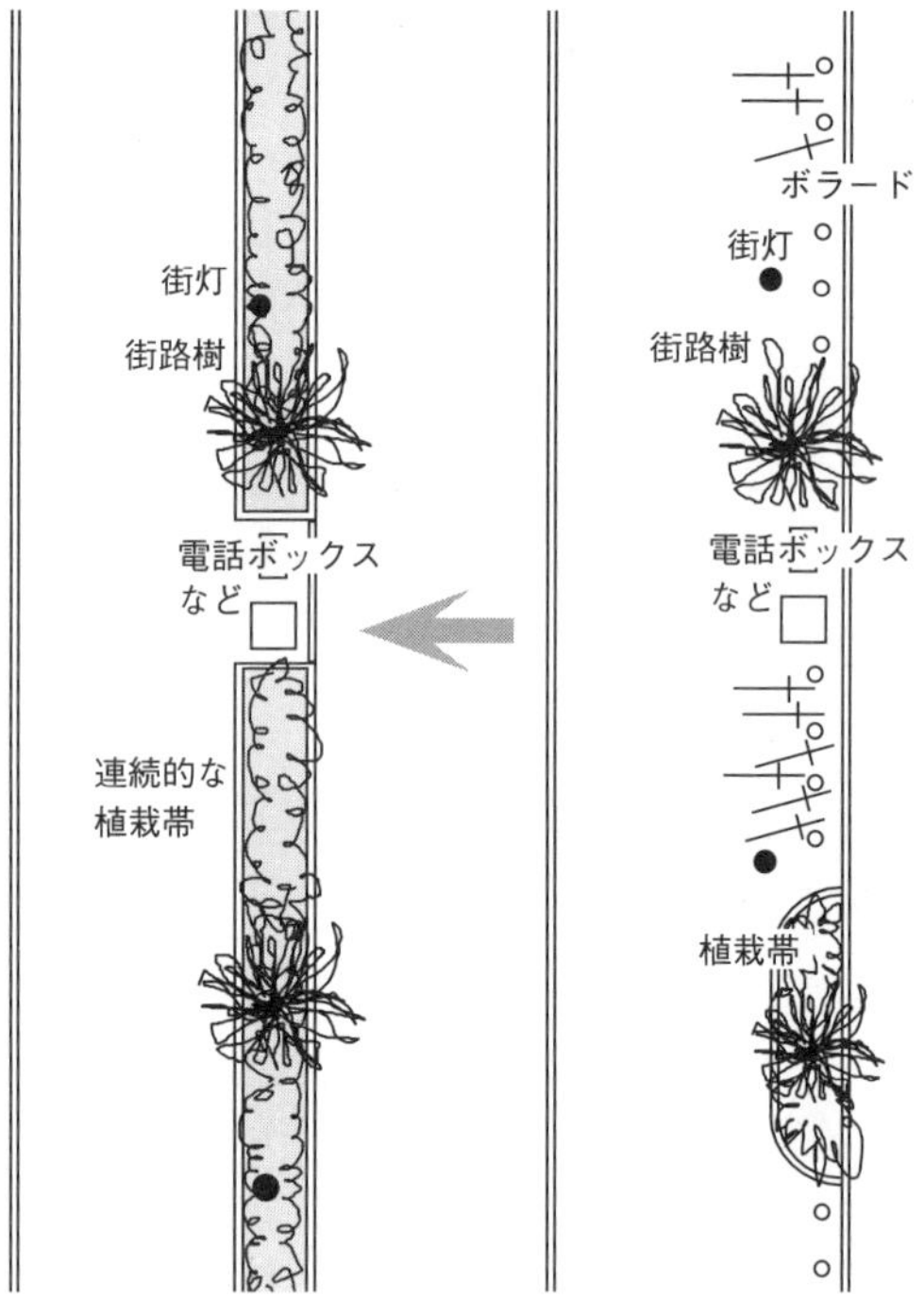

B　連続的に植栽帯を設けた案　　A　街路樹、植栽、街灯などが不連続に設置されている現状

図4.5　連続的な植栽帯を設けた歩道のデザイン案

交差点の街路樹についても植栽帯のなかに設置すべきであるし、それがクルマの見通しに支障があるなら、この街路樹は歩行者にとって電柱と変わるものではないので、なくても一向にかまわない。

オモチャ箱をひっくり返したような歩道

極め付きは写真4・16、4・17である。名古屋の繁華街、栄地区を南北に走る１００m道路の東側と西側の歩道であり、これもいつの頃か拡幅された。歩道全体の幅員は約１１mであり、地下鉄や地下街の出入口の階段もある。

東側の方がこの歩道の原型がわかりやすい。所々に残っている幹の太い街路樹は従前のものであり、このあたりまでが歩道であったが、拡幅されて車道側に街路樹が設置された。そればかりでなく、歩道のほぼ真ん中にも街路樹が設置された。つまり、歩道の縦断方向に3列の街路樹が配置されているわけであるが、真ん中に設置された街路樹によって、歩道の有効幅員は従前よりも狭くなっている。さらにその内側にフラワーコンテナが置かれている所もあるので、もっと始末が悪い。

写真4.16　様々なものが錯綜する広幅員歩道・東側（名古屋市）

写真4.17　様々なものが錯綜する広幅員歩道・西側（名古屋市）

真ん中の街路樹よりも民地側が歩道、車道側が自転車道という設定かといえば、決してそうではない。なぜなら、自転車が通れそうな所の真ん中には、街灯が設置されているからである。さらに、交差点の自転車横断帯の直前に街路樹が設置されている所もあるので、自転車横断帯も機能しない。実際、人通りが多くてもそうでなくても、自転車の多くは歩行者と同じ所を通行している。

ここには一部に駐輪スペースが設置されているが、駐輪スペースであると否とにかかわらず、街路樹と街路樹の間には自転車やバイクが置かれ、クルマの乗り上げ駐車も日常茶飯事である。人通りの少ない所では、クルマが何台も乗り上げられている。

西側はデパートをはじめとする店舗が軒を連ねているので、混乱ぶりはさらにすさまじい。車道寄りの駐輪スペースばかりでなく、歩道の内側の街路樹の周りにも自転車が置かれ、看板が置かれ、アクセサリーなどの露店が店開きしている。オモチャ箱をひっくり返したような歩道であるが、その根本的な原因は街路樹の配置の仕方にあるといってよい。

「街路樹信仰」とコルチゾール

どのようなねらいの歩道拡幅であったかは知らないが、「街路樹信仰」に踊らされた「景観行政」の仕業に違いないと思う。先に「歩道拡幅を」と述べたが、こんなことになっては元も子もない。

すっきりとした歩道づくりをしようとする思想が希薄なので、「民」も「空いている所を利用させてもらう」といった気楽な気持ちになるのではないか。恣意的で無秩序な街路樹が、様々なものが置かれる「呼び水」になっている。

さらにいえば、街路樹をはじめ、すべてがパラパラと配置されている。パラパラと配置して、利用可能な舗装面を広げるわけであるが、これが「広さ幻想」であり、「呼び水の法則」の根源である。

歩道が整然と計画されていたなら、整然としなければならないという心理も働くであろうし、それを犯す人がいても「道というのは通行するためのものなんだ。そこには障害物となるようなものを置いてはいけないんだ」という主張が成り立つ。しかし、この状態ではなんともならない。「道」が「道」として自己主張するデザインが求められている。

デザインとはものの考え方であり、哲学である。あの「道の原風景」は偶然できたものではなく、人の手でデザインし、守ってきたものである。そこにはやすらぎ、癒しといったものがあるが、この雑然とした風景は、全くのカオスである。この「なんでもあり」のメチャクチャな状態が、人の心に影響しないわけはない。

青少年の心が話題になることの多いこの頃であるが、「公」と「私」の区別に鈍感で、「他者への想像力」に希薄なのは、子ども以前に、大人である。大人のデザイン力が問われている。パブリックスペースがそれらしい秩序を示唆しなければ、人はパブリックスペースを認識することができない。

そんなことを思っていた頃、「ためしてガッテン」というテレビ番組でこんなフレーズを知った。「散らかった部屋はストレスホルモンを増加させる」。このストレスホルモンはコルチゾールという名である。樹木そのものはコルチゾールを抑える働きがあるが、問題はその配置の仕方である。あの原風景の道とこの場所を対象に、コルチゾール発生の対比実験すれば、結果は歴然であろう。

広い歩道の整理・整頓

先の歩道はどのようなデザインであればよかったのか。現状の街路樹などの配置はおよそ図4・6のAのような状態である。中央の街路樹から民地までが歩行者、自転車にとっての有効幅員であるが、歩道の全幅員1

1mのうちの4・5mであり、全体の半分以下である。車道側のゴチャゴチャしたスペースは6・5mであり、むしろ広い。従前の街路樹の位置や変圧器の位置からすると、3・5m、すなわち車道1車線分が減らされて歩道が拡幅されたようである。

新しく街路樹を植えるとしても、従前の街路樹の列に並べ、街灯もその列に並べれば、歩道の有効幅員は従前のように6mは確保できたであろうし、自転車が車道側を通行することも可能であった。

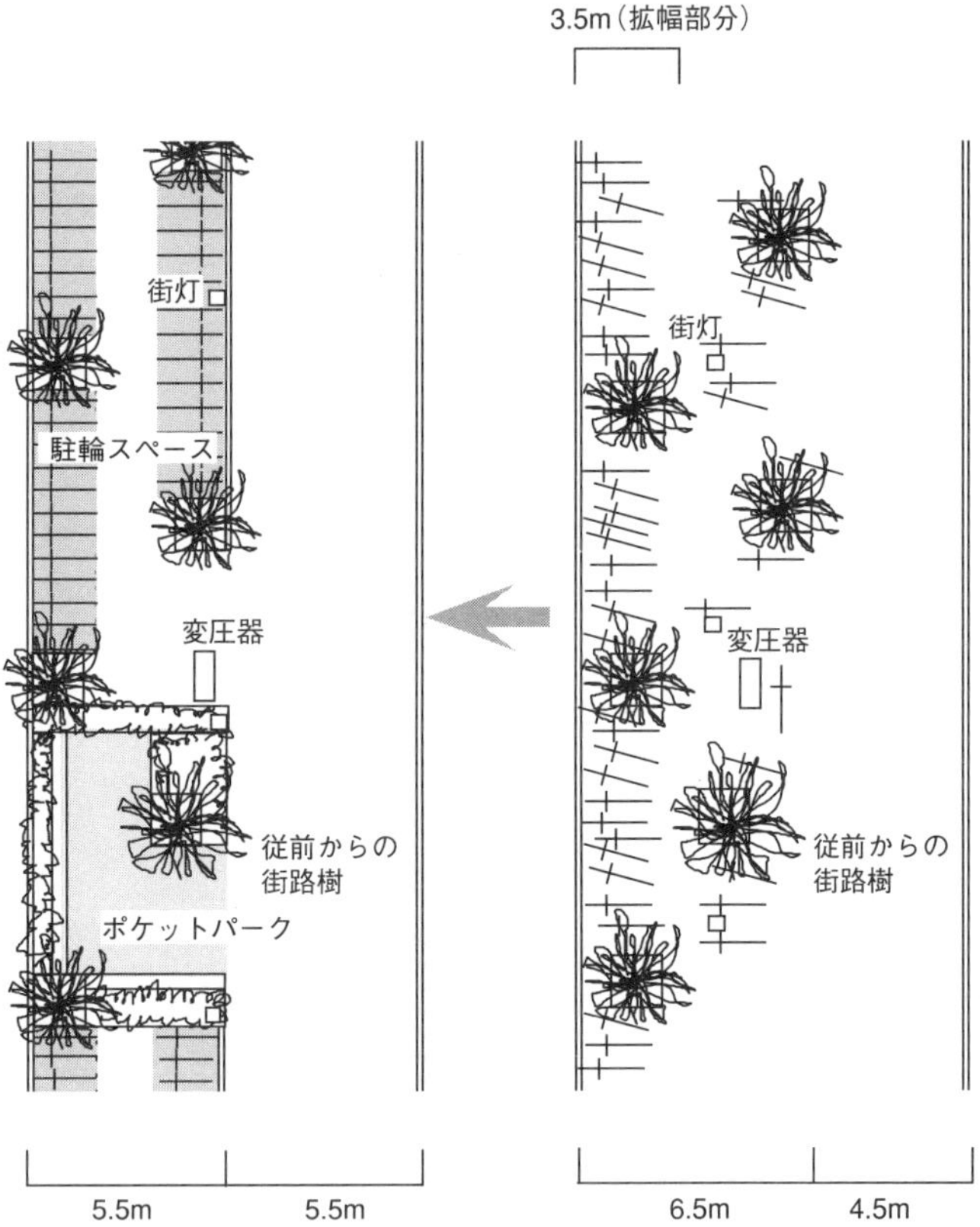

B　駐輪スペースやポケットパークを設けた案

A　デッドスペースの多い現状

図4.6　拡幅された広幅員歩道のデザイン案

あるいは、拡幅した分を積極的に駐輪スペースとして位置づけるという選択肢もあったはずであり、この区域ではそれが相応しい。図のBに示すように、2列分の駐輪スペースを設けたとしても、歩道の有効幅員は5・5m程度確保できる。同時に、整然とした歩道になる。また、このような所にこそ、買い物客がひと休みできるポケットパークが有効であり、これも設置することができる。

ちなみに、最近、この歩道にオープンカフェを設置しようという動きが出ている。案の定、「賑わい」のためであり、市が音頭をとっているらしいが、歩行者の支持もあるという。ここでの「賑わい」はすでに極限に達しているのに、そのうえどんな「賑わい」が必要だというのだろう。

初めはどうあれ、いずれコントロールできなくなることは目に見えている。新しい「オモチャ箱」が増え、それがまたひっくり返される結果になるのが落ちである。もしも実施するなら、現状をきれいにして、管理者としての実力を見せてからにしてほしい。

オープンカフェはヨーロッパに倣《なら》ったものだと思うが、ヨーロッパの基本は公園であると思う。日本の公園にはおでん屋のようなものしか見かけないが、公園にこそ気の利いたカフェがほしいものである。歩道ばかりもてあそぶのは、ほんとうにもうやめてほしい。

全国に広がる「街路樹信仰」

街路樹を配置すれば「景観行政」になるという「街路樹信仰」が全国津々浦々に広がっている。名古屋の歩道は概して広いので、その傾向が強いのは確かであるが、決して名古屋だけのものではない。別の地域の事例をみてみたい。

写真4・18は地方都市の例である。突然出くわしたのがこの歩道であり、見事に互い違いに街路樹が植えら

れている。それも短い距離であり、取って付けたような小さな密林である。

公共施設がらみに違いないと思ったら、案の定、建物の玄関には○○文化ホールと書かれている。歩道が狭いので、建物の敷地の一部を歩道として提供し、街路樹をサービスしたつもりであろうが、歩道を広くした効果はない。街路樹を建物寄りに1列だけ配置し、その木陰にベンチでも配置した方が、歩行者や施設利用者にははるかに好感が持たれたことだろう。

写真4.18　公共施設脇の歩道の街路樹（石川県）

写真4.19　石垣島の歩道の街路樹（沖縄県）

写真4・19は石垣島の国道の歩道である。ご多分にもれず、歩道の真ん中に街路樹が植えられている。さらに呆然としたのは、市街地をずっと外れた農村地帯の歩道である。街路樹が植えられているが、その根本から雑草が伸び、農地の方からも雑草があふれ、歩道一面を覆いかねない勢いである。さらに、車道側に街路樹を植えるにとどまらず、歩道の真ん中にも植栽帯を設けた所もあり、そこでも雑草が道をふさぎかねないくらい伸びている。人も自転車も通行している気配は全く感じられない。この状態でハブの心配など、ないのだろうか。

周囲には緑がいっぱいである。このような地域に歩道を設置すべきではないとか、街路樹を設置する必要はないなどというつもりはないが、それは歩行者が安心して通行できる条件を満たす限りにおいてである。これは失業対策だろうと教えてくれる人もいるが、それならば、一時の工事に労力を費やすよりも、農地から伸びる雑草の処理だけでも継続的な大きな仕事になるのではないか。

「樹木虐待」

さらに、写真4・20のように、アーケード街に街路樹を配置している例もみられるが、こうしたアーケードの下では生育が悪いのか、歩行者の目に入るのは幹だけである。電柱が邪魔になるという議論があるなかで、なぜ電柱と同じような障害物をわざわざ設置するのだろう。この場合も街路樹が「呼び水」となり、自転車や看板が置かれている。

市街地の緑化を大義名分に、土地柄もわきまえないで、やみくもに街路樹を植えている。緑さえあれば景観整備になるという画一的な「街路樹信仰」、緑におんぶした「景観行政」の発想は深刻である。決して、緑化についての高邁《こうまい》な考え方があってのことではなく、ただ小道具として利用しているにすぎない。

設計者の手が、知らず知らずのうちに街路樹を描くように動いてしまうところまできている。そうでないと絵にならないし、お金にもならないということであろう。実際、目にする街路に関するパンフレットやイメージ図などというものの十中八、九は、街路樹を真ん中に配置したり、互い違いに配置したものである。そして、あたり一面を舗装材で覆ってしまうという点も共通している。公害訴訟の判決を受けて、国道沿いに２０ｍもの幅のグリーンベルトを設けるという方針が発表されたが、その参考図に使われていたのもこの手の図であった。

私は友人、知人の中では無類の植物好きであり、決して街路樹を否定するつもりはないが、樹木の乱用は「樹木虐待」ではないかと思う。樹木だって、健やかに生育できる環境、人々に愛される環境を求めている。ついでながら、ハナミズキがブームになり、これが歩道に多く植えられるようになったので、価格が高騰したと聞いたことがある。それはさておくとしても、ハナミズキは背景が整っていないと映えない花木である。ところが、何やら道路工事をしていた工場ばかりが並ぶ殺風景な地区の歩道にも、昨年、これが点々と植えられた。そして、この夏の暑さで、すべては枯れてしまった。私からみれば、これも虐待である。

写真4.20　アーケード街の街路樹
（上からａｂ仙台市、ｃｄ高知県）

「クルマの道」をお手本に

街路樹は、第1章でみたような道の原風景を都市に再現させる装置として珍重されてきたと思うが、旅人をなぐさめる街道の並木は決して道を犯すものではなかった。道は道として守られていた。この原則がすっかり、公的な手で崩されつつある。景観整備に名を借りたあやしい「街路樹信仰」の横行であり、狭い家にやたらと家具を持ち込んで、居場所も通り道もなくしてしまうという日本の住居の愚と同じようなことが行われている。

街路樹についてもマイナスのデザインで考えなければならない。そのお手本は「クルマの道」にあるといってよい。車道には通行の邪魔になるものはいっさい置かれていない。障害物には、実に敏感である。

写真4・21はいずれも昔からあったと思われる大きな樹木であるが、「クルマの道」においてはこれを回避するように車線がとられている。一方、「歩行者の道」では、迂回ルートを設けることができそうな条件があるにもかかわらず、なんらの考慮もされていない。認識はその程度にとどまるので、新しく歩道を整備する場合にも、新たに付け加えられていくのだろう。

「広い歩道の整備」が国土交通省の重要な方針となっているだけに、今後のことが心配である。歩道を広く

写真4.21　車道のなかの樹と歩道のなかの樹（上からａ名古屋市、ｂ埼玉県）

することも、街路樹を設置することも市民が望んでいることに間違いはない。しかし、街路樹が多ければ多いほど、市民が喜ぶという思い込みは、道路管理者の自己満足にすぎない。問題はどんな空間を生み出すかである。材料さえよければ、どんなふうに料理してもおいしいとは限らないのと同じである。

「歩行者の道」としての歩道の機能の担保のためには、やはり、それぞれの歩道の有効幅員というものを明確にすることから始めなければならないと思う。車道については何車線道路という表現があるが、歩道についても「有効幅員何m歩道」という表現がほしい。最低基準を満たしているかどうかではなく、歩道の品質表示としてである。「歩道の有効幅員4m、街路樹・植栽帯等幅員2m、一部駐輪スペース・ポケットパーク付き」などと示されればよい。

それがないから、うやむやのままにもてあそばれてしまう。前節で述べたように、道路台帳を整備し、統計を整備し、それぞれの歩道について情報公開する必要がある。

第5章　傍若無人な路上施設

街路樹は歩行者にもよかれと思って設置したものであろうが、歩行者が歓迎するような設置の仕方にはなっていない。まして、電柱や標識など、初めからやっかいものと思われているものについては、まるで居直っているかのように傍若無人に設置されがちである。ここではそうした路上施設といわれるものについてみてみたい。

また、高齢者がひと休みできるベンチ、楽しい歩道を演出する彫刻など、ストリートファニチャーといわれるものを設置するのがブームであるが、この設置の仕方についても考えてみたい。

なお、厳密には、道路管理者が設置するものは路上施設であり、そのほかの機関、事業者が設置する電柱、信号機などは占用物件と呼ばれるが、ここでは区別はしないものとする。いずれもその責任は道路管理者にある。

1　電柱、標識

路側帯のなかの電柱

道路には様々な路上施設が設置されているが、やっかいものの代表のように思われているのが電柱である。新住宅団地のこぎれいな住宅が建ち並ぶ地域で、少し小高い所から街を眺めてみると、電柱がいかに無粋なものかがよくわかる。都市部では、なんだかよくわからないが、重そうなボックスがいくつも電柱からぶら下がり、こんがらからないのが不思議なくらい、何本もの電線が伸びている。別にこれというほどの町並みではないにしろ、電柱がなければ、もっとさっぱりした風景であろうと思われる。

景観論はさておき、ここでの関心はもっと現実的な足下の問題についてである。酔っぱらいが「電柱にぶつかってゴメンナサイ」というのはマンガのネタにすぎないと思っていたが、「ぶつかったことがある」という友人もいる。なぜぶつかったのか、本人も覚えていないというが、酔っぱらっていたわけではないらしい。この

写真5.1　路側帯のなかの電柱（岐阜県）

「なぜかぶつかってしまうもの」こそが障害物であり、これまでみた駐車、駐輪、看板、街路樹なども、一言でいえばそのようなものである。

路上施設は車道を避けて、「歩行者の道」に設置されるのが常である。歩道のない道路では路側帯が「歩行者の道」であるが、写真5・1にみられるように、電柱は民地側の側溝部分を避け、外側線ギリギリの所に立っているので、路側帯の通行はできない。通行できないので、何かとものが置かれる。さらには、電柱を死角にするようにクルマが駐車する。

狭い路側帯は電柱の設置スペースであり、路上施設帯でしかない。電柱を路側に設置せざるを得ないとすれば、それを見込んだ幅員を確保しなければならない。第2章でも述べたように「歩行者の道」としての路側帯は少なくとも1・5m以上必要だと思うが、実際にはわずかな幅しかあてがわれていない。

車いすと電柱

路上施設の問題は、すでにみた様々な障害物の問題と同じであるが、重ねて障害者の観点でみてみたい。

写真5・2は歩道のない道路であり、車いすはほかの歩行者と同様、路側帯を通行する。また、道路の横断勾配のために路側に斜行してしまうので、そうせざるを得ない。そして、電柱のある所では、横断勾配を上がって車道側に出てよけることになるが、車いすは幅があるので、一般の歩行者のように体を斜めにしてヒョイとよけるわけにはいかない。

車の通行の状態を見てタイミングを計らねばならないが、郊外部では信号機が少なく、クルマが途切れることなく走る道路が多い。途切れるのを待とうとすると、なかなか通過できないこともある。

写真はバリアフリー調査時のものであり、多くの人と一緒だったためか、車の様子をあまり気にしないで車道側に回り込んだが、そこをトラックがスピードを緩めることもなく通過していった。トラックのタイヤがまともに目に入るので、「とても怖い」という。歩行者は電柱をよけなければならないという不利益を被っていても、何を感じるでもなく、クルマは車道を我が物として走る。だからこそ広い幅員の路側帯が必要である。ヒョィとよけることができないのは、杖や手押し車を使う高齢者も同じであり、ベビーカーも同じである。

写真5.2　電柱をよける車いすの男性（岐阜県）

視覚障害者と電柱

写真５・３は全盲のＳさんであり、中途失明者である。ここは実家の近くであり、電柱のあることは十分知っていたが、「目が見えなくなった頃は、よくぶつかりました」という。そこで、警戒して白杖を振り、電柱を発見したら車の気配を聞き取り、車が途切れるのを待ち、車道側に回り込んで電柱をよける。この道路の場合、右側通行しようにも、そちら側には路側帯がないので、左側通行することになるが、視覚障害者の白杖は後ろからやってくるクルマのドライバーには目に入りにくいので、防衛のために確実に通過を待つ。しかし、何本も電柱があればそれだけ手間取ってしまう。

「歩行訓練」の最も初期の段階で教わるのが、どこにでもある電柱のよけ方であり、写真5・4はそのような「歩行訓練」時のものである。白杖を左右に振りながら歩くと電柱に白杖がふれるので、電柱に近寄り、これを手でふれながら、回り込んでよける。それ自体は危ないことはないが、面倒な作業である。その作業を繰り返し行わなければならない。

さらにやっかいなことは、障害物をよける際に、方向感覚が狂ってしまうことがあるということである。写真5・5も「歩行訓練」時のものであるが、この写真の全盲の女性は、電柱をよけて少し進んだ所で、ここが道路の交差点であり、ここで横断すると訓練士に合図をした。

どうしてそのような思い違いをしてしまったのだろうか。第2章で述べたように、交差点ではSOCという方法で、交差点部のすみ切りに沿って直交する道路側に回り込み、そこで方向を定めて直進して横断し、再びすみ切りを回り込んで元の道路に戻るという方法をとる。この場合、電柱を回り込んで路側に戻ってL型溝をとらえた時に、回り込み時の回転の具合で、交差点部のすみ切りの変化と勘違いしてしまったのではないか。もしこの位置で道路を横断すると、単に右側通行から左側通行に変わるということにとどまらず、元来た道を

写真5.3　タイミングを計って電柱をよける視覚障害者（東京23区）

写真5.4　電柱の発見とよけ方（名古屋市）

Uターンする結果になってしまう。

これは「歩行訓練」の初歩段階の出来事であり、日常的にたびたび起こることではないかもしれないが、障害物は視覚障害者の方向感覚を狂わせることがあるという認識は必要である。駐車、駐輪、看板、街路樹なども同様であり、そのことはすでにふれた。

写真5.5　電柱をよけた時に方向感覚が狂ってしまった例（名古屋市）

狭い歩道の電柱

それでは歩道においてはどうか。狭い歩道に電柱がほかに居場所がないかのように立っている例を多く見かける。写真5・6はそのような事例である。

aの電動車いすの男性は、脳性麻痺による上下肢障害者であり、両手が使えないので、足の指で電動車いすを操作している。授産施設への往復に、毎日、通行している歩道であるが、電柱のため、車いすがやっと通れる幅しか残されていない。そのうえ、電柱は曲がり角に立っているので、車いすの操作も容易ではないだろう。「もう慣れました」というが、見ている方はハラハラする。

近年、高齢者がよく利用するようになった電動スクーターは、一般の車いす、電動車いすに比べて幅も長さもやや大きいので、このような状態の所は通過できないかもしれない。電柱１本で、人によっては通行できない歩道になってしまう。

ｂは歩車道境界ブロックで車道と仕切られたフラット式歩道[1]である。歩道自体が狭いにもかかわらず、横断歩道から歩道に入る所に電柱が立っており、車いすがギリギリ通過できるかどうかの幅しか残されていない。なんとか歩道に入り込んだとしても、電柱は２０、３０ｍごとに設置されているので、そのたびに歩車道境界ブロックと電柱の間をすり抜けるのに苦労する。工事の時に、数㎝ずれた位置に電柱を設置してしまうなんてこともおおいにありそうであるが、もし、そうなっていたら、車いすは回転して戻ることもできず、立ち往生してしまうだろう。

この狭い歩道は、電柱の存在を考慮に入れずに、最低基準の幅員で設置されたのではないか。これらもまた「建築限界」違反である。

1　フラット式歩道：車道と高さの違いのない歩道をいう。

写真5.6　歩道の中の電柱（上から ａ名古屋市、ｂ愛知県）

通行できない歩道

写真５・７は、さらに狭い歩道の中の電柱であり、論外である。

電柱のある所では歩車道境界ブロックが切り下げられており、ここでいったん、歩行者は車道に出てよけるという想定のようである。ところが、切り下げの範囲が狭いので、車いすは電柱と歩車道境界ブロックに挟まれて車道に出ることはできない。また、切り下げられた部分の歩車道境界ブロックは２㎝ぐらいの高さのものが使われているので、歩行者は注意しないと足をくじいてしまう。

「電柱はやっかいだが、やむを得ない」という言い訳が聞こえてきそうであるが、この電柱はずっと以前からあり、歩道は後でつけられたに違いない。歩車道境界ブロックの新しさがそれを物語っている。歩行者が通行できないことがわかりきっているような狭い歩道を設置したわけであり、だからこそ歩車道境界ブロックを切り下げるという小細工をしたのだろう。

もとより、この歩道幅員は、いかなる時代の『道路構造令』に照らしてみても、歩道としての幅員を満たしていない。これは歩道ではなく、電柱のための路上施設帯である。

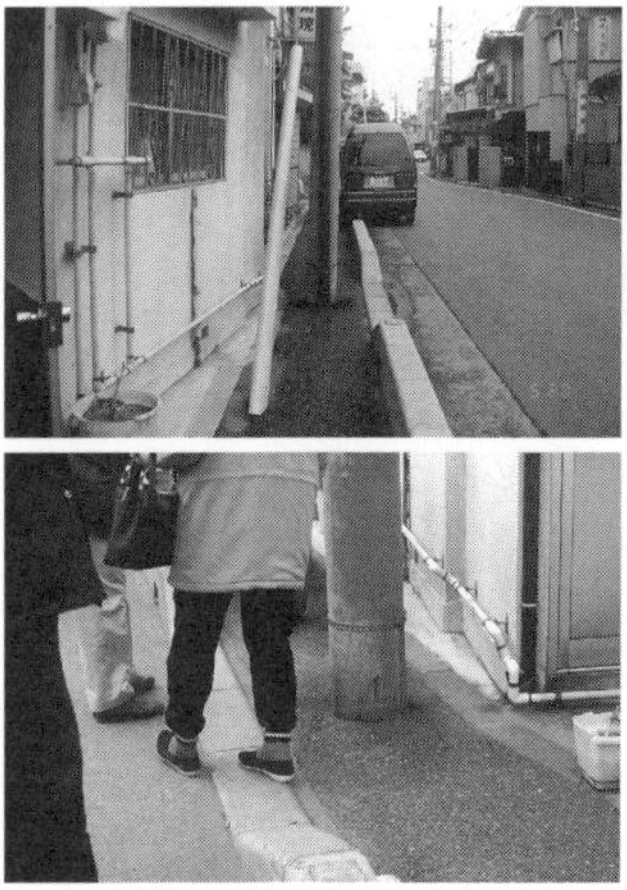

写真5.7　狭い歩道の電柱（埼玉県）

一方、車道は広々としている。この「クルマの道」のテリトリーをきっちり確保するために、歩道を設置したといって過言ではなかろう。「歩行者の道」に対する誠意のなさに、ほとほと呆れる。「歩行者の道犠牲の定式」の最悪のパターンである。

見通しを損ねる交差点部の電柱、ポスト

電柱はやむを得ないものだとする諦め意識が強いためだろうか、その位置に配慮するという考えは希薄である。写真5・8のように、横断歩道の出入口や、そのすぐそばに電柱が設置されている例がみられる。たびたび述べているように、交差点部では歩行者や自転車の動線が錯綜するが、電柱が交差点部の見通しを悪くする。たまたま、雨の日の写真であるが、傘を差していると、電柱がわかりにくくなる。あわててよけようとすると、交差点を曲がってくる人とぶつかりそうになる。

あの交差点部の街路樹と同様、「歩行者の道」では見通しというものについて忘れられている。歩道上では死亡事故につながるほどの交通事故は生じないので、いいかげんになってしまうのかとも思うが、クルマの方

写真5.8　見通しを損なう横断歩道のそばの電柱（上から a 岐阜県、b 石川県）

からは横断歩道を渡ろうとする歩行者がいるのかどうかわかりにくくなるので、やはり危険である。いつかaの電柱の所に花が手向《たむ》けられていたことがあり、聞けば交通事故があったという。それはこの電柱とは全く無関係だったのだろうか。

電柱ほど数は多くはないが、郵便ポストも同様であり、写真５・９のように、交差点のすみ切り部に設置するといったとんでもないケースがみられる。歩道が狭いので、ただでさえ見通しが悪いが、ポストがさらに見通しを悪くしている。自転車と歩行者、あるいは自転車同士の衝突が、いつ起きてもおかしくないだろう。見れば、この店舗の敷地内にはポストを設置できそうなスペースがある。歩道に路上施設帯を設けてそのなかに設置するのが基本であるが、一方で、民地の敷地を利用することを進めるべきではないか。歩道のない道路においては、特にその必要がある。

傍若無人な道路標識

電柱と同じような障害物として、道路標識などの支柱がある。電柱以上に、これが傍若無人《ぼうじゃくぶじん》に歩道に立って

写真5.9　見通しを損なう交差点部の郵便ポスト（名古屋市）

いる例が多くみられる。私のみるところ、国道などの幹線道路でその傾向が強い。歩行者は、自動車騒音で悩まされるうえ、目障りで、やっかいで、危ないものが存在するわけである。

写真5・10はいずれも国道におけるものである。電柱もガードレールも歩車道境界に近づけ、歩道の有効幅員を広く残すように設置されているのに対し、道路標識については、いっこうにそのような配慮はみられない。ガードレールにくっつけるか、ガイドレールを一部切って、そこに設置すべきだろうと思うが、全く傍若無人で、傲慢である。そのうえ、歩道の「建築限界」違反を犯している。

どうしてこのようなちぐはぐなことになるのだろう。道路標識を新たに設置しようということになり、1／1000、あるいは1／500の縮尺の道路台帳で、この位置、あの位置と指定し、後は業者任せということなのか。施工後の工事写真のチェックさえしていないのかもしれないし、写真を見ても、標識が立てられたことを確認するだけで、歩行者にとってどうかといった問題意識はないのかもしれない。

この道路台帳の縮尺が曲者である。道路は細長い施設であり、最大の関心は道路延長なので、ごく一般にこのような縮尺で扱われており、新設道路の場合でも、せいぜい1／250で設計すればよい方だと聞く。しか

写真5.10　幹線道路の歩道のなかの傍若無人な標識（上からａ埼玉県、ｂ石川県）

し、例えば、1ｍの長さは1／500では2㎜、1／250でも4㎜であり、10㎝、20㎝といった違いは表せない。これでは、ディテールに注目する習慣など、技術者は持ち得なかったであろう。

一方、住宅の設計図では1／100、1／50が基本であり、幅、奥行き、高さなど、ヒューマンスケールで検討が行われる。先の街路樹もそうであるが、電柱、標識など、様々なものが歩道に持ち込まれる現状にあって、やはり住宅並みのヒューマンスケールでの検討が必要である。部分的、例示的でもよいが、そのような図面をつくることを一般化しなければ、まともな「歩行者の道」はできそうにない。そして、道路台帳に歩道の有効幅員をきちんと明示するようにしなければ、いつの間にかあやふやになってしまう。

何のための道路標識

写真5・11もまた、国道の歩道である。幅員が狭く、歩車道の段差解消も劣悪なので、車いすの人が車道を通行していて交通事故が起きたという道路であり、その現場へ出かけた時に見かけたものである。

この歩道に、「東京まで201㎞」と書かれた標識が立っている。それも小さな文字であり、クルマのドラ

写真5.11　狭い歩道に立つ無意味な道路標識（岩手県）

イバーが判読できるとは思えない。いつかの新聞の投稿欄に、「気になってよく見ようとしたら、『よそ見運転事故のもと』と書かれていた」というのがあったが、これもその類であり、見ようとすれば事故のもとである。ドライバーには役にたたず、歩行者も「東京まで201km」なんて情報に関心はない。そんな代物を、この狭い歩道によく立てたものである。おまけに、「オジャマン棒」のところでも述べたが、お邪魔と知っているためか、背景に隠すように目立たなくしているので、なお始末が悪い。

これに限って思うことではないが、「歩行者の道」を忘れた道路行政の疾病は、慢性的で、すでに重度である。

観光地の案内標識

歩行者のための標識についても同じような問題がみられる。写真5・12は、歴史的な町並み地区における観光客向けの案内標識であるが、道路の交差点部に設置されている。案内標識を道の分かれ目に設置する意図はわかるが、見通しを損ねており、危ない。電柱のそばに設置すればそんなに邪魔にならないだろうが、電柱などの見苦しいものとは独立させて、少しでもサインを目立つ位置に立てようとしたのであろう。

写真5.12　交差点部に設置されている観光案内標識

しかし、この案内標識は決して目立つものではない。「あの邪魔なものは何だったのだろう」と思って、戻ってみて初めて、案内標識であることを知った。三角柱であり、各側面に3方向の案内をしているが、どこから見てもわかりにくい。おまけに文字が小さい。わかりにくいもの、効果の期待できないものを、取って付けたように設置する必要はどこにあるだろう。観光地では、たいていは観光案内地図を持ち歩くので、なくてもさほど不自由はない。

それでもやはり必要だと考えるなら、電柱に設置すればよいだろうし、電柱が興ざめな代物だというなら、電柱のデザインこそ考え直してみればよい。

お飾りのサイン計画

「サイン計画」も近年のブームの一つであり、各地で様々な事業が行われている。しかし、成功している事例は、いったいどれくらいあるのだろう。以下しばらく、障害物というわけではないものの、あってもなくてもかまわないようなサインについてみていく。いずれも現在地がわからなくて困った時に目にとまるようなものではなく、サインというものに関心を持って初めて、こんなものがあったのかと気づいたものである。

写真５・13はおそらく特別に力を入れて、お金をかけて設置した案内板だと思われるが、よく見ると「東山公園↑５㎞、日泰寺↑３㎞」などと、遠くの大きな施設のみが書かれている。ウォークラリーでもなければ、歩行者は知らない道をそんな遠くまで歩かない。歩行者には役の立たない案内板である。

と思ったが、これはもともとドライバー向けのものであるらしい。それが証拠に左側の歩道にしか設置されておらず、その裏面にはほとんど何も書かれていない。ドライバーから見える方向にしか情報がないわけである。しかし、ドライバーが見るにはあまりにも淡い色使いなので、読みとれるだろうか。読みとったとしても、方向と距離は、そんな貴重な情報なのだろうか。やはり、お飾りのサインといえそうである。

発見しにくい歩行者用案内板

それでは歩行者向けの案内板はどのようになっているのだろう。

まず、サインの存在自体が見つけにくいという問題がある。写真5・14は名古屋駅前の道路を渡った所の歩道であるが、ａのように横断歩道の脇に2枚の看板が設置されている。手前にあるのは「ポイ捨て禁止条例」に関する看板であり、そのずっと奥にｂのような案内地図が設置されている。つまり、歩道を曲がりきった所に案内地図が設置されているわけであるが、歩行者はすでに右へ行くか左へ行くかを決めて、次の行動に移っている。そのような所に地図があっても見逃しやすい。ここにあると知っていて初めて機能する類のものである。

さらに、この案内地図は細かくて、近寄ってみないと読みとれない。これくらいの情報量を盛り込むのなら、もっと大判にしなければならない。それを駅舎を出た所に設置すべきであろう。

また、写真5・15は歩行者用の案内板であるが、いずれも風景のなかに埋没している。保護色ともいえそう

写真5.13　歩行者には無意味な案内板（名古屋市）

写真5.14　見つけにくく、読みにくい案内地図（上からａｂ名古屋市）

写真5.15　不特定な位置に設置された案内板（名古屋市）

なくすんだ緑色であることも一因であるが、何よりもその位置が悪い。

サインが有効に機能するためには、発見しやすいことが条件である。発見しやすいのは、その位置が何らかの規則性を持ち、標準化されていることである。歩道に関しては、横断歩道のすぐそば、歩行者用信号機の横、というのがわかりやすいし、覚えやすい。

情報過多の案内板

写真５・16は横断歩道の脇に設置されている例であり、おかげで近寄って写真を撮ることができた。このような位置に設置されているのは、１０個に1個未満である。

この案内板には交差点の名称が書かれ、その下に周辺の８つの施設の方向が矢印で示されているが、文字が小さく、字間もつまっているので読みにくい。その下に案内地図があるが、低い位置なのでしゃがみこんで見なければならない。しかし、そうしたところで、文字があまりにも小さいので、この頃の私には判読不能である。

また、「大須通」という通りの名称はこの面には書かれておらず、裏面、つまり、車道側に書かれているだけである。ドライバーがこの小さな文字を読みとることができるとは思えないし、読もうとしない方が安全である。ドライバー用の道路標識はほかにもたくさんある。

この案内板の設置された所は地下鉄の2つの駅のおよそ中間に位置するので、その間の施設を8つも表示する結果になったのであろうが、かえってわかりにくい。細かい話になってしまうが、ここに書かれている中警察署は↑の方向と示されているので、横断歩道を渡って直進すればよいと思う人もいるだろうが、実際には横断歩道を渡って→の向きに進んだ方向にある。一方、中保健所は←となっているが、これも道路の向こう側にあるので、どこかで横断歩道を渡らなければならない。表示方法がまぎらわしい。

直線の矢印、曲がった矢印など、矢印で表現する方法について、私なりにあれこれ考えてみたが、歩道は車道と違って一本ではなく、車道を挟んで2本あるので、向かい側の歩道の表示と、交差する道路の表示を区別して表現するのは難しい。複雑に表現すれば、いっそう誤解を招くおそれがあるし、大きくすれば見通しを損ねる。

写真5.16　細かく表示されている案内板（名古屋市）

事例のような案内板は、少なくとも中心市街地の主要道路の信号交差点ごとに設置されており、その数はいったいどれくらいなのか、見当もつかない。数のうえでは行き届いているようであるが、歩行者は交差点ごとに案内板を確認しながら歩くわけではないので、量は質をカバーできるわけではない。どのような人がこのような案内板を利用しているのか、とても疑問である。少なくとも、これに見入っている歩行者を見かけたことはない。なお、よくよく見ると、これらは交差点の四隅に設置されているわけではなく、車道からみて、交差点の手前の左側、2箇所である。やはり、クルマの発想で設置されている。

ちなみに、ごく一般に、ちょっとしたサインは１００万円単位だと聞く。事例のような案内板はそれほどではないかもしれないが、場所が違えば情報の内容も違うので、いずれも一点物である。総額は何億だろうか。

クルマ用の道路標識に学ぶ

初めに「サイン計画」という事業があり、事業に付加価値をつけるように、あれもこれもと情報が盛り込まれる。「多ければ多いほどよい」という考え方が日本では一般化している。それをデザイナーがこぎれいにアレンジし、その過程で最も肝心な情報がぼやけてしまう。シンプルなデザインほどサインとしての効果は高いが、そんなことではデザインの仕事にはならないということだろうか。

また、デザインに際して、どのような現場にどのように設置するのか、人はどのように利用するのか、といった即地的検討はないのではないか。そうして出来上がったものが無批判に設置されていくだけで、事後検証もなされていないだろう。

一方、写真５・17のようなクルマのための道路標識は、動線に対して正面に設置されているので目に入りやすい。その内容もシンプルで、大きく、明瞭である。文字が読みやすいのは、字体や太さ、字間が適切だからである。『道路標識令』にはわかりやすくするための詳しい規定があるが、「歩行者の道」にはその継承がない。歩行者は複雑な動線をたどるので、もともと歩行者用のサインは難しいと思うが、その基本をクルマの道路標識に学んだ方がよい。少なくとも、「ないよりはあった方がよい」という考え方では、ゴチャゴチャしたものが増えるだけであり、費用対効果も期待できない。

街路名のプレート

歩行者は、ふだん通行する地域の地理はおよそ頭に入っている。よく知らない地域へ行く場合は地図を用意して行く。そのうえでわからなくなったら、近くを歩いている人に尋ねるのが普通である。その前提に立ったとして、どのような情報があれば便利だろうか。

一つは街路の名称の情報である。地図が頭に入っているつもりでも、地図を持ち歩いていても、自分が歩いている道がその街路なのかどうか確認したい時がある。その確認のために私が探すのが、写真5・18のような道路標識である。交差点のコーナーにはたいていこのようなプレートがある。これは標準化されているので、

写真5.17　クルマのための案内標識（名古屋市）

見つけやすいし、見やすい。現状では、クルマからの見やすさが重視されているが、歩行者の視線も重視して設置位置を考えればよい。

また、写真５・19はある市の街路名のプレートであるが、シンプルで見やすい。交差点のあたりで見回すと目に入る位置に設置されている。先にみた歩行者用の案内板よりもはるかに安上がりで、有効である。欧米では街路名が住居表示になっているので街路名がきちんと表示されているが、日本の歩行者もこのような基本的

写真5.18　歩行者にも有用な街路名プレート（名古屋市）

写真5.19　歩行者にも見やすい街路名プレート（愛知県）

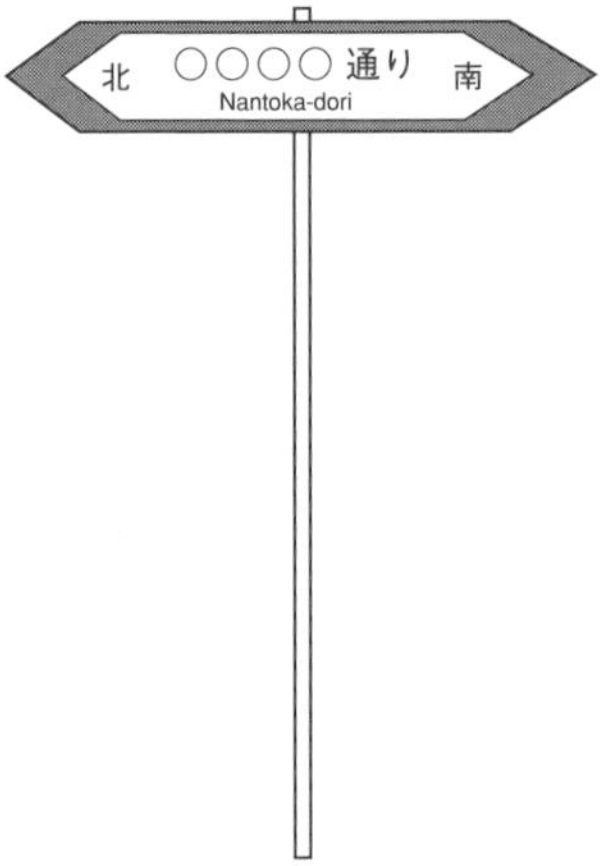

図5.1　街路名と方向を示すプレートの例

な情報を求めているのではないか。

もう一つ欲しいのは方向についての情報である。とりわけ、地下鉄の階段を上がった時に、東西南北が全くわからなくなることがある。曇っている日や雨の日は、太陽で方向を判断することもできない。街路名のプレートに方向も表示されていると便利である。たとえば、図5・1のようなものである。

案内地図については、歩行者の出発点は公共交通機関であるといってよいので、基本的には、駅前広場の目のつきやすい位置に設置すれば、それでよいのではないか。ただし、地下鉄の場合は、地下構内の案内地図で覚えたつもりでも、階段を上がって地上に出た時点でわからなくなることがある。地上の出入口の近くにも案内地図を設置している例もあるが、大きく、わかりやすいものの設置はなかなか難しそうである。方向を示す街路プレートだけでは済まないだろうか。

なお、案内表示とからむもう一つの問題は、目的地の建物のサインの明快さである。とりわけ比較的新しい建物には、建物の名称がわかりにくいものがとても多い。即地的な情報の不備は、街路の案内表示や案内地図ではカバーしきれない。

路上施設の設置位置の工夫

もう一度、電柱の話に戻りたい。写真5・20のように、電柱が障害物にならないようにという取り組みが行われているのも事実である。図5・2はこれを図にしたものである。

歩道のない道路では、従来、電柱は側溝よりも内側に設置されていたが、aのように電柱を道路の一番端、つまり、側溝の位置に設置し、側溝を迂回させる方式がある。もちろん、歩道にこのような側溝がある場合も同じようにすることができるし、そのような例もみられる。

写真5.20　望ましい電柱の設置例（上からa山口県、b埼玉県、c富山県、d石川県）

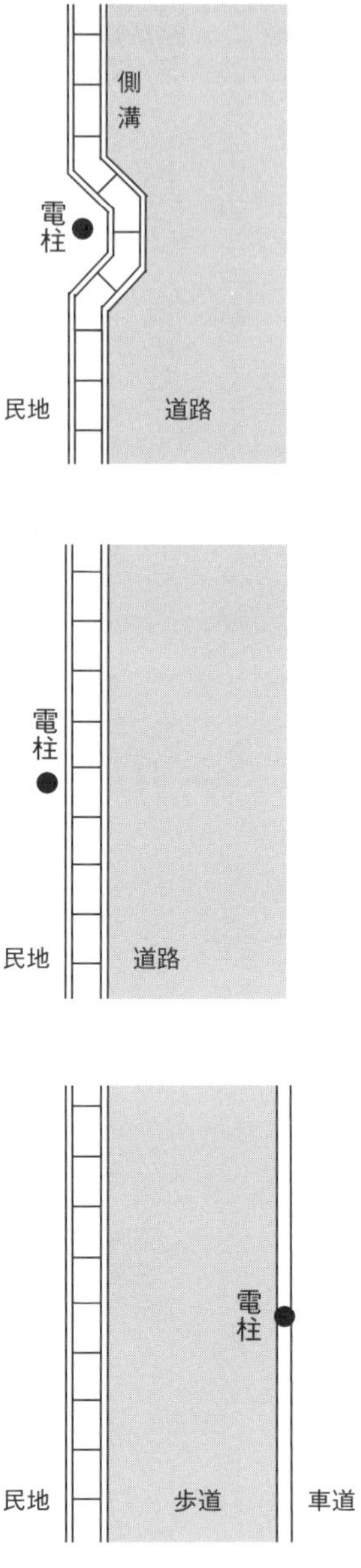

図5.2　望ましい電柱の設置方法

あるいは、bのように民地の協力を得て、電柱を民地の中に設置するという取り組みもみられる。この方式をかなり積極的に進めている地域もあるようであり、ある地方都市で家を新築した視覚障害者の友人が、「それはよいことだと、喜んで応じた」と知らせてくれた。

c、dは電柱を歩車道境界ブロックや縁石のライン上に設置している例である。cは最近工事したのだろう、電柱の周りのアスファルトが新しい。dの場合は道路標識が電柱に抱かれるように設置されている。このようになっていると、歩行者には安心感がある。

また、電柱、標識の統合も重要である。写真5・21は高齢者、障害者、地域住民といっしょに調査を行った時のものであるが、「電柱はやむを得ないとしても、せめて標識などは電柱と一体化して設置することはできないか」という。そのような普通の発想が必要である。電柱の設置者、標識の設置者はそれぞれ異なるだろうが、だからこそ道路管理者の調整力が求められる。

街路樹を設ける歩道であれば、第4章で述べたように、できる限り連続的な植栽帯を設けて、これを路上施設帯として活用すればよい。写真5・22はそのような例であり、街路樹や街灯、標識、その他の路上施設を収めているので、すっきりとしている。障害物となるおそれもない。全く当たり前の考え方であるが、従来は街路樹を点々と配置するのが主流であり、このような例は決して多くはない。

写真5.21　電柱や標識の一体化が必要だという地域住民（埼玉県）

写真5.22　電柱や標識を植栽帯のなかに収めた例（愛知県）

車道の「建築限界」と歩道の「建築限界」

ところで、先の写真5・20のc、dのように、歩車道境界ブロックや縁石のライン上に電柱などを設置することは、『道路構造令』の「建築限界」の規定に反するという意見を聞くことがある。「建築限界」という言葉を私が初めて聞いたのは、実はこのような文脈においてであった。これまで注目してきたのは歩道の「建築限界」についてであるが、ここでいうのは車道の「建築限界」であり、路上施設を設置する場合は、車道境界から25cm以上離した位置に設置するという規定である。したがって、歩車道境界ブロックなどの上に設置すると、車道の「建築限界」を犯すという解釈である。

それでは車道の境界はいったいどこか。車道とは、車線によって構成される部分であり、路肩や分離帯などを含めて車道部という。ｃの場合は白線が引かれた所までが車道であり、その外側から歩道までは路肩である。その路肩の幅は、通常、５０cm以上であるから、歩車道境界ブロックの上であれば「建築限界」は十分クリアーできる。

ｄには白線は引かれていないが、車道の外側のコンクリートの部分はエプロンと呼ばれている所で、これも路肩であるから、縁石の上であればクリアーできる。

実際、道路関係者の中にも「建築限界」を正確に理解している人は少ないようであり、私が確認のために尋ねても、即座に明快な回答が得られたことがない。車道からできるだけ離して設置すれば問題はないはずだと単純に考え、その結果、歩道の「建築限界」が犯されるというのが実態だといってよい。車道の「建築限界」違反には過剰反応し、歩道の「建築限界」違反には鈍感である。車道優先で運用されてきた結果であり、それがこれまでの道路行政の本質である。

しかし、路上施設を設置するのに必要な幅員を見込んでいたなら、こんな話はそもそも存在しない。もともと欠陥のある道路なのである。既存道路、あるいは、恣意的に設定した幅員の道路に、まず、車道を確保し、残りを歩道にするわけであるが、それは往々にして路上施設帯も確保できないような狭い歩道となる。歩道の

「建築限界」などおかまいなしで、邪魔な路上施設を歩道に設置する、というのが実際に広がっている道路計画論であり、あらかじめトータルな幅員構成を考えた計画論ではなく、車道の幅員構成だけを考えた成り行き任せの計画論である。「歩行者の道義牲の定式」がこのようにして揺るぎないものとして確定されてきたといえよう。

問題は歩道が狭い場合であり、その場合は車道の「建築限界」がどうあれ、歩道は譲れない。車道というのはその幅員をきっちり確保したうえで、路肩といったものも確保されるなど、至れり尽くせりである。車道の「建築限界」のうち、その高さを確保する意味はわかるが、２５cm離すなどというちっぽけな制限に、いったいどれほど重要な意味があるのか、依然として私には不明のままである。クルマが駐停車した時にドアを開ける余地を残すためだと聞いたことがあるが、それならば、電柱などのない所を探すこともできるはずである。２５cmとはいえ、歩行者には大切な幅員である。実際には、２５cm離した位置に何かを設置すれば、合わせて５０cm、あるいはそれ以上となってしまう。

電柱、標識に限らず、ガードパイプなども歩車道境界ブロックや縁石の上に設置することを進めるべきである。一体化したブロックを製品化することもできるだろう。

『電線共同溝整備事業』の落とし穴

電柱がやっかいものであるということで、電線類の地中化のための『電線共同溝整備事業』に国土交通省は力を入れている。

しかし、これは必ずしも手放しで歓迎できない面がある。変圧器の大きなボックスが、地上に設置されるからである。平面に関する限り、電柱よりも場所をとるうえ、変圧器の点検工事などの際に開け閉めする扉側はオープンにしておかなければならないという制約もある。ヨーロッパの市街地では１００％近く電線などの地中化が行われており、電柱を見かけることはないが、同時に、変圧器のボックスも見かけない。コストのためなのか、日本では中途半端な地中化が行われているようである。

この変圧器は、通常、歩道の車道寄りに設置されるが、問題は歩道を拡幅する場合、これが歩道の中に取り残されるという始末の悪い結果になることである。第4章で取りあげた事例のなかにもそのような例がいくつもみられた。

写真５・23もそのような例であり、元は狭い歩道であった。９８年に車道幅員を狭めて歩道を拡幅したが、変圧器の移動には億単位の費用がかかるため、そのまま残されてしまった。ぶつかっても危なくないように、新たに木の囲いが設けられたが、残念ながら、かえって目立たなくなっている。

このような『電線共同溝整備事業』は各地の市街地で進められているが、狭い歩道の電柱が邪魔になるという理由だけで進めるべきではない。将来、同じような問題が生じるおそれがある。恒久的な事業と位置づけるべきであり、歩道幅員が十分で、将来にわたって拡幅の必要のない歩道でなければ着手すべきではない。望ま

写真5.23　歩道は拡幅されたが、変圧器が残された例（埼玉県）

しいのは、歩道の拡幅と『電線共同溝整備事業』をセットにして進めることである。

さらにいえば、現在進められている歩道の改修の多くは、『電線共同溝整備事業』にからんでいるようであり、この事業は歩道の総合的な改善を果たす、またとないチャンスとして位置づけられる。したがって、事業を計画するにあたっては、歩道の幅員の確保とともに、第2巻で述べるような舗装材、横断勾配、車乗り入れ部の構造、第3巻に述べるような歩道の高さ、交差点部の構造などについて慎重に検討していただきたいと思う。

2　ストリートファニチャー

高価な街灯

ストリートファニチャーとは街頭を彩る家具といったもので、街灯、ベンチ、電話ボックスなど様々なものがある。先の歩行者用のサインなどもこれに類する。『都市計画用語辞典』[2]には、「歩道を、単に歩くための空間としてだけでなく、楽しく散策することができるようにするための施設で、最近ではデザインに趣向を凝らしたものが多くもうけられるようになった」とある。これが曲者《くせもの》である。

写真５・24は９０年代の初めに改修された繁華街の歩道である。確かその頃、この街灯はベネチアン・グラスを使った高価なものだと報道されていたが、それを誇示するかのように、植栽などよりもさらに内側に設置されている。

街灯や植栽が自己主張する一方、くず入れや電線共同溝の変圧器のデザインまでは手が回っておらず、それ

写真5.24　雑然とした歩道の高価な街灯（名古屋市）

らがパラパラと配置されている。品のよい歩道とは思えない。デザインとはお金をかけることであるかのように日本では考えられがちであるが、そこからボタンの掛け違いが始まる。

残念ながら、この街灯は歩行者の目線からすれば、電柱とさして変わりはないし、鑑賞しながら散策しようにも、自転車などとのすれ違いに注意しなければならないので、そんな気分にはならない。

もちろん、街灯それ自体は歩行者の安全のために大切であり、それがしゃれたものであればなおよい。ここで問題にしているのは、その配置の仕方であり、電柱を悪者扱いにしながら、電柱と同じような方法で設置していることについてである。恣意的に配置すれば、障害物になって困るという歩行者もいる。高齢者や視覚障害者が一番困ることは、すでに何度も述べたとおりである。

2 都市計画用語辞典研究会編著：『全訂都市計画用語辞典』、ぎょうせい、１９９８。

モニュメントのような街灯

この歩道の先に、民地側のすみ切りが大きくとられた幹線道路同士の大きな交差点がある。ここに写真5・25のような背の高いモニュメントのようなものが5本立てられている。よく見ると上部がガラス張りであり、街灯のようである。

この街灯は歩道の色とほとんど同じ色のグレーであり、電柱とよく似た色である。高齢者や弱視の人には見にくく、全盲の視覚障害者にも障害物となりやすい。電柱をこのように立てることは決してしないが、お金をかけたものは別扱いのように考えられている。

広ければ広いで、あれこれ設置するのが日本の街路行政である。街路樹も交差点の巻き込み部の植栽から離されて、より内側に配置されている。全体として茫洋とした感じであり、同時に、何かしら不安感がある。向こう側の横断歩道への動線にかかる位置に街灯があり、見通しを悪くしているためである。

あまりに広々としたコーナーというのも考えものである。このような所にこそポケットパークのようなものを整備して、街灯もそのなかに収めたらよいのではないか。その形状を工夫すれば、動線が整理できて、視覚障害者にも横断歩道の位置がわかりやすくなるであろう。

そんなふうに思って、もう一度現場に出かけたのであるが、そこで見た光景が写真５・26である。５本の街

写真5.25　大きな交差点のコーナーに設置されているモニュメント風の街灯（名古屋市）

写真5.26　新たに花壇やフラワーコンテナが置かれた迷路のようなコーナーを歩く視覚障害者（名古屋市）

灯に加えて、四角い花壇、丸いコンクリート製のフラワーコンテナがいくつも設置されている。オモチャ箱をひっくり返したような状態であり、「オモチャをよけて歩きなさい」といった具合である。

横断歩道の見通しはさらに悪くなっているし、横断歩道へ進むのに、街灯をよけ、花壇やフラワーコンテナをよけ、迷路のような所を歩かなければならない。自転車もあっちで曲がり、こっちで曲がりながら走ってくるので、歩行者は逃げ場を失いそうになる。自転車同士がすれ違うのに十分な余裕がないので、自転車にとっても危険である。

動線のセンスのかけらもみられない。「歩行者の道」に次々にものを設置するという、恐ろしいくらい大きな流れがあるようであり、もう、あらがうことなどできないのではないかと虚脱する。

視覚障害者が一番困るだろうと思い直して、友人のHさんにお願いして、後日、この交差点のあたりを歩いてもらった。全盲の人で、「歩行訓練」の基本を大切にして歩く人である。車道を走るクルマの音で位置関係を把握し、コーナーの外周部の植栽をとらえて歩くようにして、あんがいスムーズに横断歩道の前に出ることができた。

しかし、その彼も「事前に話を聞いていたのでなんとかなったが、そうでなければ何が何だかわからなくなったかもしれない」、「自転車の通行が多いのが気にかかる。たびたびここを通らなければならないとすれば、何回かに1回は、自転車と接触するかもしれない。自転車がすぐそばを走っていくことからすると、とても狭くなっているみたいだ」という。

この事情は、視覚障害者に限らず、高齢者も同じであろう。車いすやベビーも自転車からは見つけられにくいので、危険が増すに違いない。歩行者は自転車が乱暴だ考えるかもしれないが、乱暴なのはこのようなものを設置する行政である。

この工事が行われたのはごく最近のことであり、この歩道に乗り上げているクルマをよく見かけた。さらに、交差点の信号待ちを嫌がって、歩道を通過して抜けるクルマもあるらしい。いずれにしても、これも体のよい「オジャマン棒」ということになるが、やはり、以前のように乗り上げ駐車が行われている。またこの話になってしまったが、行き着くのはいつもここである。

歩道の真ん中の街灯

「歩行者の道」にどんどん障害物が増える傾向にある。歩行者の「危ない、怖い、不快だ」といった普通の感覚は、全く棚上げにされている。街路樹や街灯など、「歩行者のため」といった大義名分がある場合は、なお傲慢なやり方である。

街路樹と同じように、街灯を歩道の真ん中に設置している例もあるが、これもいやなものである。写真５・27がそれであり、幅員４、５mの比較的広い歩道である。歩行者道と自転車道を区別するつもりで真ん中に設置したのだろうが、歩行者や自転車は決してそのとおりには通行しない。街灯が見通しを悪くしており、

写真5.27　歩道の真ん中に設置されている街灯（名古屋市）

自転車とすれ違う時などは、自転車がどちらの側に曲がるか予測しにくい。

横断歩道の直前に街灯が設置されている所もあり、安全には鈍感である。このような設置の仕方をみると、先にみた横断歩道の前の電柱はやむを得なかったのではなく、単に無神経なだけなのだろうと思われる。また、店舗の多い所では、街灯が「呼び水」になって、看板などが置かれている。街路樹のきれいな歩道であるが、決して「楽しく散策」できない。

この街灯の前後には、視覚障害者に警告するための点状ブロックが設置されているが、障害物を設置したうえで、これを警告するやり方であり、「免罪符」としての使い方である。視覚障害者が困るものは高齢者も困るといってよいが、高齢者の視点はない。

歩道の真ん中のベンチ

ベンチも大切なストリートファニチャーとされるが、これも現場の条件を省みない例がみられる。

写真5・28のaは橋のたもとにあるバス停であり、ここにベンチが設置されている。歩道自体が広いわけで

写真2.28　歩道を狭めるバス停のベンチ（上からａ石川県、ｂｃ熊本県）

はないので、ベンチのある所では、人一人通れるぐらいの幅しか残されていない。

ｂも同じように狭い歩道のバス停であるが、真ん中にベンチが設置されている。この歩道の有効幅員は１ｍ程度である。せめて端に寄せて設置していたなら救われる気がするが、そのようなセンスはなさそうである。

ｃは幅員の広い歩道におけるバス停のベンチであるが、このベンチも歩道の真ん中に設置されている。幅員が広いとはいえ、ここは中心街のメインストリートであり、デパートの前である。人通りが多いうえに、バス停が並び、ベンチもたくさんあるので、夕方はとても混雑している。「ベンチは歩行者のためのもの」というだけで、どこに設置してもよいといった論理がまかり通っている。

いずれも歩道の「建築限界」違反である。第４章で路上施設の設置に必要な幅員についてみたが、ベンチに関しては１ｍであり、この範囲に収めるのが基本である。

ゆっくり座れるベンチの位置

常々《つねづね》、バス停のベンチについて疑問に思っていたことがある。ベンチに座っていると人の列に加われなくなるので、バスがくるまでゆっくり座っていることができないことである。

とりわけ先のｃのような場合、バスに乗る人は車道寄りに並ぶであろうから、ある程度人が並ぶと、断念して立ち上がらざるを得ない。ベンチに座っている人を優先する暗黙の了解が得られるようにしたいものであるが、事例のようにベンチがバス停から離れていては難しい。なにしろ、次のバスに乗る気があるのかどうか、他の乗客にはわからないからである。

もっと車道に近づけて、バスの乗降口のそばにベンチを設置したらよい。それも、車道を向くように座るのではなく、歩道を向くように座れるベンチである。殺風景な車道を見ているよりも、歩行者の流れを見ている方が快適である。もちろん、歩道を広く確保するうえでも有効である。歩道を向いて座っているからといって、バスがくるのがわからないというほどではない。

人の心理として、向き合った方がお互いの様子がうかがえるし、情がわく。明らかに自分より先に来てベンチで待っている人を知りながら、それを無視して我先に乗り込むような人は、そうはいない。列の前の人が、「バスが来ましたよ」と嬉しそうに教えてくれ、「さあどうぞ」と合図を送ってくれるはずである。後から来てベンチに座る人がいたとしても、それが高齢者や障害者であれば、同じようにしてくれるはずである。

写真5・29は乗降口のそばに設置されたベンチの例である。同じようなバス停を以前利用していたが、少なくともそこではそのような譲り合いが行われていた。市民はそれほど捨てたものではない。それを生かすも殺すもプランニングしだいである。

自転車に埋もれたアート

彫刻などのアートの設置も「景観行政」の目玉である。写真5・30のaは繁華街の歩道であり、ここにパネル

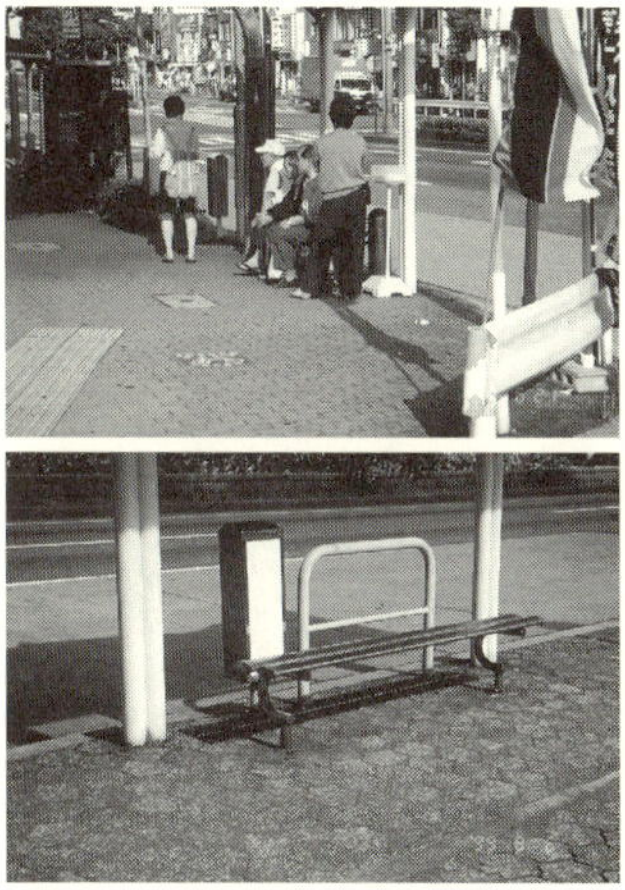

写真5.29　車道側に設置されたベンチ（名古屋市）

のなかを水が流れるアートが設置されている。しかし、乱雑に置かれた自転車に埋もれてしまっている。bもこの地区のものであるが、あまりにも変哲がないので、「これもそうか」と思うだけである。

cは商店街の歩道であり、この歩道の場合は彫刻である。しかし、そのいずれもが、自転車に埋もれてしまっている。彫刻が小さいので、なお、目立たない。さらに、彫刻が配置されているのは西側のアーケード付きの歩道であるから、いつも薄暗くてよく見えない。

歩行者の多くはこのようなアートに気づいていないのではないか。こうした人通りの多い歩道では、歩行者は歩くだけでせいいっぱいであるから、気がつくわけがない。まして、立ち止まって鑑賞するなんて余裕はない。

人通りの多い歩道だからこそ、「楽しく散策」する仕掛けとしてアートに期待をかけるのだろうが、小手先の観念的な仕掛けでしかない。安心して歩けるような歩道幅員の確保、駐輪、看板の整理といったごく当たり前の問題にこそ、力を入れてもらいたい。

また、アートはその背景が整ってこそ生きるが、これらの背景は殺風景な車道であり、作品がかわいそうで

写真5.30　自転車に埋もれてしまっているアート（上からａ〜ｃ名古屋市）

ある。女性の裸像をまことしやかに設置している例も見かけるが、人通りの多い歩道で鑑賞しようなどという人はいない。今どきの人は目をそらす。

アートに相応しい場の工夫

写真5・31のアートたちは、自転車の難から免《のが》れている。善光寺の門前町の事例であり、町並みが比較的整っているので、映える。幸運なアートであるといえよう。

どれもおもしろいとは思うが、尖《とんが》りが多いので、何かしら不安感がある。子どもや視覚障害者には危ないのではないか。また、ステンレスというのはそれほど目立たないうえに光るので、目にやさしいとはいえない。とりわけ、真夏の太陽の下での反射光はどうであろう。私もそうであるが、高齢者や子ども、知的障害者などのなかには刺激の強いものに過敏な人もいる。歩道というパブリックスペースは、もっとシンプルで情緒を安定させるようなデザインが望ましい。

ともあれ、これらの昆虫などのアートを生かすなら、緑のなかに設置すればよいのではないか。今のままで

写真5.31　昆虫のアート（上からａ～ｄ長野市）

は乾いた感じであり、かわいそうな気がする。

a、bについては、植栽帯を連続的にとって、そこに設置すればより自然な感じになるだろうし、障害物となるおそれは少なくなる。

c、dは民地の敷地に設置されたものであるが、cについてはもっと建物に寄せて設置した方が安全である。dは玄関前の広場に設置されたものであるが、歩道と連続した広場は視覚障害者が迷い込みやすいので、その場合の心配がある。植栽が少し設置されているが、これを歩道との境界部にぐるりと回してそのなかに入れるか、芝生を敷いてそのなかに設置すれば、子どもも手でふれて楽しむことができる。同時に、迷惑に思う人もなくなるだろう。

ファーレ立川の事例より

写真5・32はパブリックアートのメッカともいわれているファーレ立川の事例である。ここには36か国のアーティストによる100点を超える現代アートが展示されている。場所によって自転車に埋もれてしまっているものもあるが、きちんと存在を主張しているものもある。アートとして幸運なb～dは、いずれも背景がさっぱりとし、緑と調和している。地に図が映えている。

視覚的な楽しさばかりでなく、ふれて楽しむアート、ベンチとして利用できるアートが多いのがここの特徴であるが、困ったことに、ふれて楽しむことができるように設置されたものは、歩行者には障害物となることがある。ところが、障害物となって困るかもしれない子どもや視覚障害者は、同時に、手でふれて楽しめるアートを望む人でもある。

この街はホテルやデパート、オフィスビルからなる再開発地区であり、サービスの一環として多数のアートを配置している。街全体がテーマパークのようなものだと思えば、見方も変わってくる。テーマパークは非日常的な空間であり、そうであれば、楽しめることがまず大切である。それらのアートを一人では楽しめないと思えば、誰かと一緒に訪れるだろう。

ひとまずそのような位置づけをしたとしても、設置の仕方を工夫するに越したことはない。最もよいのはｂのような設置方法である。ベンチであるが、見て、ふれて楽しむことができるばかりでなく、障害物にもならない。植栽の帯のなかに入っているからであり、歩行動線のなかではなく、その脇に設置されているからである。

一方、ｃは足下に植栽があるので障害物にはならないだろうが、子どもには近寄りにくい。この植栽を芝生にすれば、ふれることも可能になるだろう。また、ｄはふれて楽しむことはできるが、視覚障害者をはじめとする人には障害物となるおそれがある。この場合も、芝生のスペースを設けてそのなかに設置すれば、近寄りたくない人には警告のサインとなるだろう。

このような方法を基本にすればよいと思うが、ここでちょっとおもしろいものを見つけた。この地区では、

写真5.32　ファーレ立川のアート
（上からａ～ｄ東京都）

写真５・33のような排水溝が多い。ａは地表面の幅を狭くした排水溝のグレーチング[3]であるが、これは車道寄りのアートと歩道を仕切るように連続的に設置されている。ｂは緩いＶ字型の排水溝の蓋であり、先の写真５・32のｄの前にも設置されている。

一般には歩道の雨水排水は車道に流すが、そうすると車道寄りに設置されているアートに排水が流れ、ゴミやほこりが溜まるおそれがある。そこで、アートの手前で排水をしたのだろうと考えられる。

結果的に、この排水溝は歩道とアートを仕切る役割をしており、障害物を恐れる視覚障害者にとって有効であろう。これらの排水溝の蓋は、視覚障害者が路面をなでるように白杖を使うと、その存在がわかると考えてよい。少なくとも私は、白杖を使ってこれに沿って歩くことができた。したがって、その存在を知っていたなら、誘導ラインとしても利用できるし、障害物となるものを警告するサインにもなるだろう。ただし、子どもや高齢者がこれを横断してアートに近寄ることを考えれば、ａのような平坦なグレーチングが適切である。

写真5.33　歩行動線とアートを仕切る排水溝（上からａｂ東京都）

3　グレーチング：金属製の格子状の蓋。

アートの設置方法

ファーレ立川ほどのがんばりがないにもかかわらず、場所をわきまえずに、アートを設置すれば「景観行政」になるといった考え方があると思う。国の「歩いて暮らせる街づくり」構想の延長線上で、これがエスカレートしてしまうのではないかと、私は危惧している。

アートは時に障害物となり、自転車など、様々なものが置かれる「呼び水」となる。また、お金をかけたところで、そのアートが生かされているかどうか疑問である。歩道の幅員確保と安全性こそが最優先されるべきであり、そのうえで可能で有効ならば、楽しさを付加するのはよいと思う。

歩道に設置するとすれば、図5・3のような配置が適切である。つまり、歩道の有効幅員をできるだけ広く確保したうえで、車道寄りに連続的な植栽帯を設置し、その範囲内に配置するという方法である。先にも述べたが、街灯、標識、あるいはベンチなどの路上施設もこの範囲に設置する。これは、道の原風景にみられる路傍のお地蔵さんと同じ配置方法である。そして、歩道の幅員に余裕がなく、そのような植栽帯を設置できないような歩道であれば、分不相応なものは設置すべきではない。

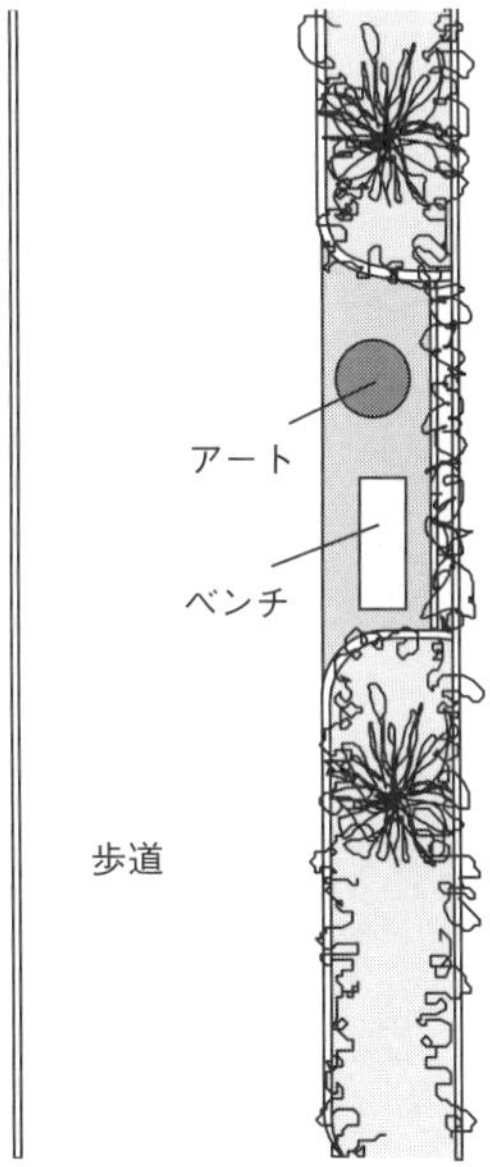

図5.3　植栽帯の範囲内にストリートファニチャーを収めたデザイン案

ただし、車道を背景にしたアートの存在感は薄い。ファーレ立川においても、生きているのはシンプルな建物の壁をバックにしたものであり、一般の歩道では難しい。したがって、歩道ではなく、民地に設置させてもらうという方法もあるだろうが、写真5・34にみられるように、民間は独自に気のきいたものを設置している。あの原風景にみられた置物も「民」による贈り物であり、景観とは、本来、「民」がつくり出すものであった。はたして「官」主導でがんばる必要があるのか。また、「官」は一つひとつを丁寧に吟味する能力を持ち合わせているとはいえないので、成功するとは思えない。

「官」がアートを設置するとすれば、写真5・35のように緑のある場、くつろげる場、ゆっくり鑑賞できる場だけでよいのではないか。つまり、公園や広場である。広くもない歩道に、あれもこれもと持ち込むのは、いかにも貧乏くさい。

なお、商店街などでは「民」が費用を出してストリートファニチャーを設置する場合もあるようであるが、その配置の仕方については、やはり、「官」に責任がある。

写真5.34　民間ビルの前のアート（名古屋市）

写真5.35　彫刻は公園に似合う（名古屋市）

音のサインとしての水のアートの応用

とはいえ、ストリートファニチャーを全面的に否定するわけではない。噴水など、音の出るアートは、積極的に活用するに値する。

写真5・36は水音のするアートであるが、視覚障害者は音の情報として利用できる。目をつぶって、西瓜割りの時のようにぐるぐる回ってからでも、私にはその方向を把握し、近づくことができた。情報を求めている視覚障害者であれば、決して難しいことはないだろう。

水の音は自然音であり、自然音は複合音なので、電子音に比べてはるかに音源定位《おんげんていい》[4]しやすいといわれている。このことを教えてくれた視覚障害者は、「昔のベルの電話と今の電子音の電話をいくつか置いて、どれが鳴ったか当てる実験してみるとはっきりするはずだ」とも話してくれた。実際、携帯電話が鳴ると、周りの人が自分の携帯電話を取り出しているのに、本人は気がつかないということがある。電子音は音源定位しにくいからである。

ちなみに、偶然、街で出会った視覚障害者に同行させてもらったことがあるが、駅前広場のある位置でヒョ

写真5.36　音の情報として活用が望まれる水のアート（名古屋市）

ィと曲がったので、その位置をどのようにして決めているのか尋ねたところ、「広場にある噴水の音」だという。

このようなアートを、歩道に恣意的に設置するのではなく、何か重要な位置を知らせるサインとして意識的、積極的に応用したらよいと思う。たとえば、バス停の乗車口の近くに設置すれば、視覚障害者はその音との位置関係で乗車口を見つけやすくなる。バス停で待つ人にとっても快適である。もちろん、建物の出入口のそばに設置しても効果的である。

ちなみに、写真5・37はデンマークの視覚障害者の研修・休暇センターに設置されている小さな噴水である。喫煙コーナーの窪んだ部分に視覚障害者が迷い込みやすいので、そのサインとして意図的に設置したという。音の情報といえば、すぐにキンコン、カンコンといった音の鳴る装置を設置するのが、これまでの日本のバリアフリーの考え方であるが、さりげないもの、自然なもの、人に好かれるものを効果的に応用する方向に進めたいものである。

4　音源定位：音の発生源を把握したり、音の流れる方向を把握すること。視覚障害者はクルマの音や人の声、足音などを日常的に利用し、歩行している。

写真5.37　小さな噴水を音のサインとしている例（デンマーク）

津田美知子　つだみちこ

富山県生まれ。名古屋在住

福井大学工学部建築学科卒業。大阪市立大学大学院生活科学研究科（生活環境学専攻）後期博士課程単位取得満期退学

学術博士

シンクタンク（社団法人 地域問題研究所）を経て，生活環境デザイン室主宰

専門分野：高齢者・障害者の施設・住居計画・街づくり

E-mail：VYU05327@nifty.ne.jp

主な著書：

- 『北欧のシニア施設写真集　自立を支えるデイセンター・ゆとりある高齢者居住施設』［社団法人 地域問題研究所，1992］
- 『シニアアクティビティセンターの計画論的研究』（財団法人シニアプラン開発機構助成研究）［社団法人 地域問題研究所，1993］
- 『自立を支える街づくり　その現状と展望』［社団法人 地域問題研究所，1994］
- 『視覚障害者にわかりやすい都市デザインの研究』（NIRA総合研究開発機構助成研究）［社団法人 地域問題研究所，1995］
- 『高齢社会における居住政策―デンマークに学ぶ』［『現代住まい論のフロンティア』（住田昌二編著）所収］［ミネルヴァ書房，1996］
- 『視覚障害者が街を歩くとき　ケーススタディからみえてくるユニバーサルデザイン』［都市文化社，1999］

等

歩行者の道 1　マイナスのデザイン　　定価はカバーに表示してあります。

2002年8月2日　1版1刷発行　　ISBN 4-7655-1631-8 C3051

著　者　津田 美知子
発行者　長 祥隆
発行所　技報堂出版株式会社
〒102-0075　東京都千代田区三番町8-7（第25興和ビル）
電　話　営　業（03）（5215）3165
　　　　編　集（03）（5215）3161
　　　　FAX（03）（5215）3233
振替口座　00140-4-10
http://www.gihodoshuppan.co.jp

日本書籍出版協会会員
自然科学書協会会員
工学書協会会員
土木・建築書協会会員

Printed in Japan

装幀　丹菊顕雄　印刷・製本　中央印刷